세 아이를 키우는 워킹맘의 행복한 육아 이야기

세 아이를 키우는
워킹맘의 행복한
육아 이야기

초 판 1쇄 2021년 03월 26일

지은이 최지오
펴낸이 류종렬

펴낸곳 미다스북스
총괄실장 명상완
책임편집 이다경
책임진행 박새연, 김가영, 신은서, 임종익

등록 2001년 3월 21일 제2001-000040호
주소 서울시 마포구 양화로 133 서교타워 711호
전화 02) 322-7802~3
팩스 02) 6007-1845
블로그 http://blog.naver.com/midasbooks
전자주소 midasbooks@hanmail.net
페이스북 https://www.facebook.com/midasbooks425

© 최지오, 미다스북스 2021, *Printed in Korea*.

ISBN 978-89-6637-896-8 03590

값 **15,000원**

미다스북스는 다음세대에게 필요한 지혜와 교양을 생각합니다.

• 아이에게 상처주지 않는 단단한 육아 원칙 •

세 아이를 키우는 워킹맘의 행복한 육아 이야기

최지오 지음

워킹맘의 즐거운 인생을 위한 긍정육아 지침서!

미다스북스

대한민국 워킹맘이 행복하면
대한민국 아이들이 행복하다

나는 아이에게 책을 사주기 위해 일을 시작한 것을 계기로 지금까지 워킹맘으로 고군분투하고 있다. 이처럼 대한민국의 워킹맘들에게는 각자 워킹맘으로 살아가게 된 사연이 있다. 워킹맘의 삶에 긍정적인 부분이 더 많았다면 누구나 고민 없이 선택할 것이다. 그러나 그렇지 않기 때문에, 일과 육아 둘 중의 하나를 포기하기보다 모두를 포기하지 않고 행복하게 사는 방법은 없을까 고민하지 않을 수 없다. 워킹맘 자신이 책임져야 할 많은 것들을 감당하는 동시에 행복감을 느끼기 위해서는 변화된 의식이 반드시 필요하다.

나는 워킹맘 자신이 행복해야 현재를 살아가는 아이들의 오늘이 행복하다고 생각한다. 모든 부모들은 내 아이가 행복한 아이가 되길 원한다. 물론 '내가 행복해야 아이도 행복하다.'라는 정도는 모두 알고 있다. 그러나 이론은 이론일 뿐 막상 현실의 어려움을 직면했을 때 의식하지 않으면 지키기 어려운 논리이다. 나는 자존감이 낮아서 나 스스로 행복하다고 느끼는 것이 정말 힘들었다. 다른 사람들과 끊임없이 비교할수록 점점 나락으로 추락했다. 더구나 혼자 감당해야 했던 육아 때문에 죽을 것 같았다. 그러나 지나고 보니 행복한 시간이 더 많았다는 것을 깨달았다. 또한 힘들다는 부정의 씨앗 한 개가 행복하고 즐거운 큰 삶을 송두리째 잠식시켰다는 사실을 알고 난 후 너무나 놀라웠다. 초롱초롱한 눈빛과 티 없이 맑은 눈망울을 가진 아이들은 존재 자체만으로 존귀한 존재이며 내 삶의 축복이다. 모든 아이는 부모에게 선물과 같다. 우리는 지구에 와서 100년도 안 되는 인생을 경험한다. 나약하기는 아이와 다를 게 없다. 나약한 인간으로 더 나약한 아이들을 돌보고 성장하기까지 책임을 다하려면 스승이 필요하다. 부모가 성장하도록 해주는 스승은 바로 아이들이다. 아이들은 선물이자 우리의 스승으로서 성장하도록 돕는 존재라는 것을 잊지 말아야 한다.

일과 육아를 동시에 해내는 워킹맘은 반드시 행복해야 한다. 워킹맘 자체만으로 당당하고 멋진 삶이므로 존경받아 마땅하다. 아이에 대한 죄책감에서 한 발짝 물러나 자신을 믿고 긍정의 나를 표현해보자.

'나는 참 괜찮은 엄마야.'라고 말이다.

아이들이 행복하게 살기 원한다면 나의 자존감을 먼저 세워야 한다. 아이들 눈에는 '우리 엄마'가 세상에서 제일 멋있는 사람으로 보인다. 자신을 믿는 괜찮은 아이는 괜찮은 엄마로부터 시작되는 것이다. 나는 객관적으로 괜찮은 엄마는 아니었다. 내가 처한 환경 탓, 남편 탓, 부모 탓 등 외부 원망을 많이 했다. 삶이 고되었다. 덩달아 아이들 삶도 고되어졌다. 그러다가 죽기 직전 막다른 골목에 다다라 어떻게든 살아야겠다는 마음이 들었다. 생각부터 바꾸기로 했다. 관점을 바꿔 다른 시선으로 보았더니 나는 정말 괜찮은 엄마였다. 일하면서 세 아이를 키우는 것이 어쩌면 평범한 일일지도 모르지만 현재 내가 제일 잘하고 있는 일이었다. 내가 괜찮은 엄마라고 생각할 때 아이들은 엄마를 긍정적으로 바라볼 수 있다는 것을 알게 되었다. 무엇보다 내면의 행복한 자아가 나오게 되었다. 괜찮은 엄마가 아니라고 생각해도 소리 내어 말을 하게 되면 괜찮은 엄마가 된다.

불 같은 열정의 30대, 똑똑한 아이로만 키우기 위해 바보엄마로 살았다. 아이의 행복을 저당잡고 오로지 책에 포커스를 둔 것도 결국 공부 잘하는 아이가 목표였기 때문이다. 그러나 아이가 공부를 거부하기 시작하면서 진정으로 아이의 행복에 대해 고민하게 되었다. 나의 위치가 아니라 아이 위치에서 육아를 해야 한다는 것을 알게 되었다. 바보엄마는 이렇게 깨지고 또 깨지면서 조금씩 다듬어진다. 누군가의 아내이자 엄마, 워킹맘으로서 죄책감 뒤에 숨지 말고 당당하게 행복을 꺼내길 바란다. 각자의 내면에 고이 모셔둔 행복을 이제 꺼낼 때가 되었다. 육아 앞에서 쩔쩔매지 말자. 내 인생의 주인공은 바로 나다! 나로부터 시작해서 멋진 인생의 드라마를 연출하자. 나는 대한민국의 모든 워킹맘들의 행복한 삶을 진심으로 원한다. 그들에게 뭔가를 가르치는 것이 아니라 많은 워킹맘들과 소소한 행복을 공유하고 싶다. 그럴 때 우리는 동일한 감정을 느낄 수 있고 삶을 바라보는 시선을 긍정의 관점으로 변화시킬 수 있다. 나의 작은 행복이 누군가에게는 큰 행복이자 동기부여가 되기 때문이다.

이 책이 나오기까지 많은 배려를 해준 남편, 엄마가 책을 쓴다고 했을 때 제일 기뻐했던 나의 세 아이 공리원, 공대호, 공서호가 있어 지칠 때마다 다시 일어날 수 있었다. 무한한 사랑을 주시는 아버지, 어머니와 언니를 믿어주고 지지해준 여동생, 누나를 응원해준 남동생, 부족한 며느리를 끊임없는 사랑으로 이끌어주신 시부모님께도 감사드리고 사랑한다는 말씀을 드리고 싶다. 지나온 삶을 회상하며 울고 웃으며 성장하는 계기가 되어 더 행복감을 느낄 수 있었다.

마지막으로 나에게 책을 쓸 수 있도록 가르쳐주신 〈한국책쓰기1인창업코칭협회〉 김태광 대표님과 〈한국석세스라이프스쿨〉 권동희 대표님께 감사드린다. 삶에 가려진 나의 꿈과 내가 알지 못했던 능력을 찾아주셨기에 나의 이야기를 꺼낼 수 있었다. 도전하는 용기를 갖고 내 인생의 주인으로 살아갈 수 있도록 아낌없는 조언을 해 주셨다. 미다스북스 대표님과 관계자 여러분께도 감사의 인사를 드린다.

최지오

· 목차 ·

4장   아이 마음에 상처 주지 않는 8가지 기술

5장   일하는 엄마가 더 행복하다

· 1장 ·

어쩌다
세 아이 워킹맘이
되었습니다

어쩌다 세 아이
워킹맘이 되었습니다

'연애는 필수, 결혼은 선택'이라는 시대를 넘어, 사람들의 생각은 비혼주의로까지 이어졌다. 설상가상으로 2020년 코로나19로 결혼 연기가 늘어났고, 혼인 건수가 역대 최저를 기록했다. 혼인이 줄자 출생아 수 감소가 가속화되고 있다. 몇 년 전만 해도 다자녀 수는 3인 이상이었다. 이제는 2명만 낳아도 다자녀다. 즉, 1명도 낳지 않는 부부가 많다는 것이다.

새 생명의 탄생은 가정의 경사이자 축복이다. 하지만 부모의 희생이 강요당하고, 경제적 부담으로 인해 행복 지수가 낮아지고 있는 현실이다. 실제로 경제적 부담은 임신과 동시에 바로 체감할 수 있다. 축복을 받아 마땅한 출산이 불행으로 퇴색되어 안타깝다.

나는 첫딸 리원이를 만나는 순간 '행복 시작'이라고 느꼈다. 돈으로 살 수 없는 행복이었다. 리원이를 위해서라면 모든 것을 다 해주고 싶었다. 특히 책만큼은 마음껏 보여주고 싶은 마음이 가장 컸다.

백일 무렵 아이에게 좋은 책을 사주고 싶었다. 대부분 그렇듯 좋은 것은 비싸다. 눈으로 보이는 것 이상의 가치를 담고 있기 때문이다. 150만 원 월급으로 80만 원 상당의 책을 산다는 것은 가정 경제에 큰 타격이었다. 부담스러워 했던 남편은 나에게 책을 사라는 말을 선뜻 하지 못했다. 결과적으로 책 이야기를 꺼낸 내가 미안해졌다.

고민하는 나에게 영업 사원은 교사로 등록하는 방법을 권했다. 아이에게 책 읽히는 방법도 배우고 수수료도 챙기라고 조언을 해주었다. 사람을 끌어 들이려는 뻔한 스토리지만 나에게는 기회였던 셈이다. 오로지 아이에게 좋은 책을 보여주고 싶은 생각만 있었다. 그러한 이유로, 나는 교사 등록을 선택했다.

책을 판매하는 일은 정말 좋은 일이다. 책은 성장하는 아이들의 미래를 밝혀 주는 등불과 같다. 이렇게 좋은 책을 아이들에게 등불로 만들어주기까지 나의 역할은 아주 중요했다. 책의 구성, 영역, 작가, 독서 방법, 독후 활동 방법, 가격 모든 것이 완벽해야 했다. 무엇보다 육아 정보를 제공하여 엄마의 고민까지 해결해주는 만능 상담사가 되어야 비로소 계약이 이루어진다. 엄마들의 양육, 교육 등 고민 해결사 역할을 하면서 알게 되었다. 내가 상담에 흥미를 느끼고 있고 소질이 있다는 것을.

돌 무렵 젖을 떼고 리원이는 어린이집으로 나는 일터로 향했다. 리원이를 어린이집에 맡기고 뒤돌아 눈물을 흘리며 출근을 했다. 퇴근 후 리원이를 만나면 어린 것이 기특해서 눈물이 났다. 엄마 품을 일찍 벗어나 어린이집이라는 낯선 사회를 감내해야만 하는 어린아이에게 미안하다 못해 죄스러웠다. 첫아이를 어린이집에 보내 본 엄마들은 공감할 것이다. 하지만 우려했던 것 이상으로 리원이는 적응력이 빨랐다.

나의 워킹맘 인생은 첫아이가 젖을 떼고 본격적으로 시작되었다. 나의 소중한 아이를 어린이집에 보낸 만큼 나는 최선을 다해서 일해야 한다고 생각했다. 시간을 허투루 보내면 아이에게 죄책감이 더 커지기 때문이다. 내가 나를 채찍질했다.

오전 시간에는 다양한 교육을 받고 공부도 했다. 책을 사준 고객에게 수업을 해주려면 연령대별로 차별화 있는 수업을 준비해야 했다. 시중에 싸게 파는 새 책 같은 중고 책들이 많았기 때문에 정가로 구매한다는 것은 바보라는 소리를 듣기에 충분했다. 그래서 오로지 나를 믿고 정가로 책을 구매해준 고객에 대한 의리는 반드시 지켜야 한다는 생각이 항상 있었다. 진심으로 고마운 마음이 컸다.

구매 욕구가 있는 엄마들을 설득하기 위해 자료 준비를 철저하게 했다. 준비 없이 무작정 방문해서 상담하는 일은 둘 다 시간을 낭비하는 일이었다. 내 말보다는 객관적인 자료가 훨씬 신뢰가 가기 때문에 고객의 관심사를 파악하여 맞춤형 자료는 필수로 준비해야 했다.

하루는 상담 약속이 있어 준비를 철저히 했다. 상담할 부모는 아이를 정말 잘 키우고 싶은 욕구가 강했고 교육열도 높았다. 집에 책도 많이 있었다. 그래서 모든 정보를 다 주고 아이에게 독후 활동 수업까지 무료로 해주었다.

다음 날 연락을 준다는 말을 뒤로 하고 나왔는데 연락이 되질 않았다. 나중에 알아보니 나에게 정보를 취한 다음에 똑같은 책을 중고로 샀다는 소식을 들었다.

이때만큼 허무한 시간도 없었다. 우리 아이 책 한 권 더 읽어줄 수 있는 시간을 빼앗겼다는 생각에 본전 생각이 났다. 하지만 실패할수록 나의 상담 실력과 수업 방법이 더 성장하는 것이 느껴졌다. 실패한 시간이 소중한 경험으로 바뀌는 순간이었다.

아동 도서를 판매하는 일은 무거운 책을 양손 가득 들고 다니면서 상담해야 하고 심지어 아동 수업도 함께해야 한다. 그래서 몸과 마음의 에너지 고갈이 쉽게 온다. 점심시간도 따로 있지 않기 때문에 끼니를 걸러야 하는 일이 일상이었다.

온 에너지를 다 쓰고 퇴근하면 남아 있는 에너지가 없다. 말도 하기 싫고 긴장이 풀려 피곤이 밀려온다. 게다가 쌓여 있는 집안일은 언제 해야 하나? 짜증까지 올라온다. 이런 엄마 속도 모르고 리원이는 책을 들고 아장아장 걸어와 무릎에 앉는다.

사람이 부정적인 생각으로 가득 차면 우울증이 온다. 나의 처지를 비관하게 되고 처음 가졌던 긍정의 마음은 온데간데없어진다. 일의 가치는 뒤로 한 채 돈으로 계산하는 삶이 되고 만다. 많이 가졌다고 생각해도 더 많이 갖고 싶은 것이 돈이거늘. 그래서 돈의 노예로 전락하게 된다.

일에 대한 가치 없이 돈만 추구하는 삶과 일의 가치를 의식하면서 돈을 추구하는 인생은 천지 차이다. 나는 책 다루는 일은 가치 있는 일이라고 생각한다. 특히 아동 도서는 말랑말랑한 아이들 두뇌를 100이면 100명 모두 다르게 만든다. 그러한 이유로 내가 하는 일은 아이들 미래를 위한 정말 가치 있는 일이다. 상담할 때, 소중한 자녀의 가치를 인식시켜주었고 엄마와 자녀의 삶에 희망적인 이야기를 많이 해주려고 노력하였다. "여자는 약하지만, 어머니는 강하다."라는 말이 있다. 내가 의미 있는 삶을 살기 위해 정신 무장한 방법이 나를 강한 엄마로 만들었다.

첫째 리원이가 27개월 때 둘째 임신 사실을 알게 되었다. 임신했다는 이유로 일을 그만두어야겠다고 생각해보지는 않았다. 다행히 입덧은 입원해야 할 정도까지 아니었기 때문에 하던 일을 계속 이어갈 수 있었다. 고객 아이에게 책을 읽어주고 독후 활동 수업을 해주는 일을 태교로 생각했다. 엄마가 독서 컨설팅을 통해 상담하고 책을 읽어주는 과정은 독서 태교로 일석이조의 도움을 준다.

주변에서 나를 안타깝게 보는 시선이 불편하게 느껴지기도 했다. 배도 무거운데 책을 들고 이집 저집 다니며 일하는 모습이 측은했나 보다. 그렇지만 나는 이미 워킹맘으로서 강해지고 있었다.

지금까지도 미안한 마음이 드는 것은 둘째 대호, 셋째 서호를 임신했을 때 인스턴트 음식을 많이 접했다는 점이다. 퇴근 후 아이를 챙기다 보면 시간이 훌쩍 지나 끼니를 챙겨 먹을 시간을 놓친다. 허기가 지면 허겁지겁 컵라면으로 때워야 했다. 그래서 그런지 막내 서호는 육개장 컵라면을 제일 좋아한다.

다행인 것은 현재 14살, 12살, 10살인 우리 아이들은 반에서 키 크기로는 세 번째 손가락 안에 든다. 남편 유전자 덕분에 미안한 마음이 조금은 줄어든다.

2014년도에 우리 집은 남편 직장 문제로 경기도 오산에서 충남 홍성으로 이사를 했다. 나는 20살 때부터 첫아이 임신 기간을 빼고 쉬어본 기억이 없다. 이사 덕분에 강제 퇴사했고 거의 17년 만에 가져보는 휴식이었다.

집에서 아이들을 돌보며 쉬는 일이 처음에는 참 좋았다. 꿀맛 같은 휴식도 3개월이 지나니 이게 뭐 하는 건가 싶었다. 사지 멀쩡한 내가 아까운 시간을 허투루 쓰고 있다는 생각이 들기 시작했다. 이때 깨달았다. '아! 나는 워킹맘이 체질이다.'라고 말이다.

나는 두드림 끝에 '충남서부아동보호전문기관'에 취직하여 제2의 워킹맘으로서의 인생을 시작했다. 일을 할 수 있는 직장이 생겼다는 자체만으로 행복했다. 아침 시간이 많이 분주했지만 감사한 마음으로 매일 출근하는 발걸음이 가벼웠다.

나는 사람이 태어나서 한 번뿐인 인생을 사는데 행복하게 살아야 한다는 주의다. 행복은 하나님이 주신 개인의 소중한 권리이기 때문이다. 하지만 '대한민국에서 워킹맘으로 행복하게 살아가는 권리는 누가 보장해주나?' 하는 의문이 들었다. 가정에서 육아를 각자 해결해야 하며 사회에서는 육아 핑계를 댔을 시 바로 눈치 감 아니면 해고이다. 가정이나 사회에서 당당하게 행복을 주장하지 못하는 현실에 직면해 있다. 아직도 육아는 온전히 엄마의 몫으로 인식되어 남편이나 가족은 도와준다는 말을 많이 한다. 육아는 함께하는 것인데 말이다. 육아로 인해 행복이 곪아 터지고 있다. 계속 불행하게 살 것인가, 행복하게 살 것인가? 워킹맘 자신이 의식전환을 해야 하는 시점인 것이다.

아이들은 부모를 통해
세상을 배운다

"자녀를 가르치는 최선의 교육은 자기 스스로 모범을 보이는 것이다."라는 명언이 있다. 어머니도 나와 같이 맏이로 태어나 초등학교만 나왔다. 여자는 시집만 잘 가면 된다는 외할머니의 방침이었다. 어머니는 중학교 때부터 공장에서 일하며 일찍이 사회생활을 시작하셨다. 동생들을 굶기지 않는 기쁨으로 사셨다고 했다. 어려운 처지임에도 기쁨을 찾아 행복으로 만드시는 훌륭한 분이시다.

내가 중학교 때 일이다. 우리 집 뒤로 유등천이라는 천변이 있다. 물고기도 잡고 다슬기도 잡고 수영도 할 수 있는 최고의 놀이터다. 하루는 어머니가 유등천 쓰레기를 뒤져 음식을 찾는 사람을 발견하셨다. 어머니는 어린 시절 굶주림의 경험으로 배고픔의 고통을 누구보다 잘 알고 있었다. 게다가 천성적으로 타고난 성품도 착하셨다. 그래서 아저씨를 우리 집으로 데리고 오셨다.

어머니는 아저씨를 배려해 우리 삼 남매가 그를 보지 못하도록 하였다. 그리고는 작은 뒷마당에서 밥상을 차려주어 배를 채워주셨다. 머리도 감을 수 있게 배려하여 위생상태도 챙겨주었다. 어머니는 한여름에 겨울옷을 입고 있는 아저씨에게 아버지의 여름옷으로 갈아 입혀주었다. 겨울옷은 빨래를 직접 하여 가방에 챙겨주었다. 말끔해진 아저씨에게 가지고 있던 현금 5,000원을 손에 들려 보냈다. 아저씨 뒷모습을 보니 전혀 다른 모습으로 변해 있었다.

나는 사람의 마음은 지식의 배움과 관계없다고 생각한다. 불쌍한 사람을 보면 도와주고 싶은 마음이 생겨야 한다. 잘된 사람을 보면 진심으로 축하해주는 것이 마땅하다. 알고 있는 지식이 많아도 선한 영향력을 펼치지 못하면 안 배운 것만 못하다. 어머니는 배우지 못했어도 나보다 어려운 사람들에게 베푸는 착한 마음씨를 가졌다. 그래서 우리 삼 남매는 경제적 부를 누리지는 못했어도 따뜻한 어머니 사랑만큼은 부자로 살았다.

요즘 시대에 사람이 착하게만 살면 바보라는 말을 한다. 이런 말을 들으면 착하게 살면 안 될 것 같은 느낌이 든다. 기본으로 착한 마음이 있어야 한다는 의미를 모른 채 말이다. 잘못된 해석으로 세상은 점점 인색해지고 팍팍해지고 있다.

나는 세상에 필요한 존재로 태어났다. 내가 살아가는 의미와 기쁨을 느끼고 살아야 할 의무가 있다. 소소하더라도 따뜻함을 나누는 일만큼은 멈추지 말아야 한다고 생각한다. 어머니의 착하고 순수한 마음으로 베푸는 삶을 내가 이어가야 하는 이유다.

첫째 리원이가 돌 무렵, 어린이집에서 있었던 일이다. 돌쟁이 아이들 5명과 선생님 한 명이 함께 생활한다. 선생님께서 "어디서 응가 냄새가 나네~."라고 했더니 리원이가 벌떡 일어나 친구들 뒤로 가서 기저귀를 살피는 것이 아닌가. 이내 응가한 친구를 찾아내 선생님에게 기저귀를 가져다주는 일이 있었다.

나는 리원이를 너무 일찍 어린이집에 보내놓고 미안했다. 어린이집 생활에 적응할 수 있을지 걱정을 한가득 하고 있었다. 아이를 어린이집에 보내놓고도 불안한 마음에 안절부절못했다. 아니나 다를까 리원이는 나에게 메시지를 보내왔다. 온통 검정색만으로 색칠한 그림을 그려 왔다.

나의 불안과 리원이의 불안은 한동안 계속되었다. 나는 물어볼 곳이 없어

속만 타들어 갔다. 고민 끝에 육아서를 찾아보기 시작했다. 나의 선택은 하나였다. 아이를 믿고 어린이집에 보내라는 글을 적용하기로 했다.

주문을 외우듯이 리원이를 믿었다. 어린이집 앞에서 밝게 헤어지고 저녁때 밝게 만났다. 리원이가 잘할 것이라 믿어준 결과는 엄청났다. 리원이는 밝고 건강하게 어린이집 반장급으로 생활했다.

선생님은 리원이를 딸처럼 챙기셨다. 올해 중학생이 되는 리원이를 기억하시고 안부를 물어 오신다. 벌써 12년 전 일이다.

엄마가 일을 시작하는 것과 아이가 어린이집에 등원하는 것은 사회생활 시작점이 같다. 다만 아이가 어리다는 이유로 엄마는 노심초사한다. 나도 그런 마음이었다. 온갖 걱정이란 걱정을 하루 종일 했다. 결국 엄마의 불안한 마음이 아이를 더 불안하게 만든 것이었다.

아이는 세상 밖에서 마음껏 탐험해야 하는 존재다. 그러나 '불안'을 장착한 아이에게 세상으로 나가라고 하는 것은 걷지도 못하는 아이한테 뛰라고 하는 것과 같다. '내 아이는 할 수 있다. 내 아이는 결국 해낸다.' 이런 믿음을 엄마는 갖고 있어야 한다. 보이지 않지만, 엄마와 아이는 통하고 있다는 사실이 그 이유이다.

나는 세 아이 모두 모유 수유로 키웠다. 모유 수유로 경험하는 신기한 일이 있다. 아기가 배가 고프면 엄마에게 신호를 보낸다. 엄마의 젖가슴에 말이다. 그러면 엄마 젖이 돌면서 엄마 몸은 수유 준비를 하고 있다. 말을 못 하는 아기가 엄마에게 보내는 신호인 것이다. 너무 신기하지 않은가. 탯줄만 떨어졌을 뿐 엄마와 아기는 신호를 주고받는 한 몸과 같은 것이다. 내 생각과 느낌이 아이에게 그대로 전달되고 있다고 생각하는 것이 이해가 빠르겠다.

나는 어머니가 삼 남매를 키우실 때 쉬는 것을 본 적이 없다. 아빠와 함께 공장에서 일도 하시며 공사장 막일도 마다하지 않았다. 우리 집에는 세탁기가 없었다. 어머니가 새벽에 일어나셔서 손으로 빨래를 하시던 모습은 익숙한 풍경이었다. 키 153cm, 작은 체구로 온갖 일을 하시느라 얼마나 힘드셨을지 그때는 알지 못했다. 우리 엄마가 세상에서 제일 크고 힘이 세다고 느꼈다. 성장 시절에 세상에서 엄마가 제일 좋았다. 지금 생각하면 얼마나 힘드셨을까? 잠은 언제 주무셨을까? 얼굴에 검게 올라온 기미가 모든 걸 말해준다.

어머니가 일하는 아파트 공사장에서는 쉬는 시간에 빵과 요구르트를 준다. 당신 몫으로 나온 간식을 어머니는 드시지 않고 집에 가지고 오신다. 그렇게 우리 삼 남매 배를 채워주셨다. 어머니보다 어머니 손에 들린 검정 봉지를 더 반겼다. 그때는 나와 철부지 동생들이 빵과 요구르트를 서로 먹겠다고 싸웠는데 지금은 죄송스럽게 느껴지기만 한다.

어머니의 작은 체구에서 뿜어져 나오는 큰 힘은 사랑이 아니면 불가능하다. 어머니는 온 힘과 정성을 다해 살아오셨다. 예나 지금이나 워킹맘에게는 행복이라는 단어보다 고생이라는 단어가 더 잘 어울린다. 하지만 내가 기억하는 어머니는 힘들어하시던 것도 눈치채지 못할 정도로 항상 밝으셨다.

우리 어머니는 긍정적이다. 힘이 들어도 한마디면 끝이 난다. "나보다 더 힘든 사람도 많아." 이렇게 항상 말씀하셨다. 너무 높은 곳을 보면 힘이 빠지니까 나보다 낮은 곳을 보면 긍정적인 생각이 든다고, 어떤 상황에서도 긍정과 행복을 말씀하셨다. 어머니는 부에 대한 욕망은 없더라도 행복이라는 욕망만큼은 부자였다.

나의 어린 시절에는 유치원은 돈 있는 부잣집 아이들만 다니는 곳이었다. 가난한 우리 삼 남매는 유치원 대신 어른 없는 집에서 자유롭게 다양한 놀이 활동을 했다. 종이 인형 오리기, 비석 치기, 땅따먹기, 바느질 놀이, 싸움 등 안 해본 놀이가 없다.

아버지가 먼저 일을 나가시면 이후 어머니가 집을 나섰다. 나는 어머니의 얼굴에서 걱정하는 내색을 본적도 느끼지도 않았다. 웃으면서 출근하시고 퇴근 후 들어오실 때는 아주 밝은 얼굴로 우리를 반겨주셨던 얼굴만 기억난다. 어머니는 일하면서 삼 남매를 키워야 하는 힘든 시절이지만 우리는 어머니의 굳은 믿음과 따뜻한 사랑으로 자랄 수 있었다.

아이들은 부모를 통해 세상을 배운다. 부모가 평소 가지고 있는 생각이 행동으로 나타난다. 그것이 반복되어 삶의 태도가 된다. 아이에게 처음 맞는 세상은 부모가 전부다.

모든 부모는 나의 자녀가 건강하고 행복하게 사는 것을 1순위로 바란다. 돌 때까지만 해도 몸만 건강하기를 바라는 마음이다. 하지만 1년만 지나면 욕심이 생긴다. 옆집 또래 아이와 비교하며 온갖 교육이란 교육은 다 받게 한다. 즉 본격적인 사교육을 시키기 시작하는 것이다.

아이에게 부모는 우주이다. 세상 전부인 부모의 표정과 행동, 입을 보고 따라 해야 살 수 있겠다는 생존 본능이 있다. 예로부터 내려오는 '도리도리 잼잼'만 기억하자. 기가 막히게 따라서 하는 것이 아이들이다. 아이의 세상을 보는 창과 같은 부모는 정말 신중할 필요가 있다. 부모라면 말 한마디, 행동거지, 표정에 신경을 써야 한다. 무엇보다 마음가짐 공부는 특히 중요하다. 부모님 마음을 그대로 답습하는 아주 영리한 아이들이다. 아이들은 부모를 통해 세상을 배우지만 부모는 아이를 통해 성장한다.

전업맘
VS 워킹맘

    남편이 이직하여 2014년 10월 경기도 오산에서 충남 홍성으로 이사를 왔다. 나는 그동안 일을 쉬지 않고 해왔다. 이사 후 다닐 직장이 없다는 핑계로 집에서 쉴 수 있는 상황이 너무 반가웠다. 20살 때부터 쉬지 않고 일했던 터라 정말 꿀맛 같은 시간이었다. 당시 아이들은 7살, 5살, 3살이었다. 유치원 자리가 없어서 독박으로 육아를 해야 했다. 나는 이마저도 기뻤다. 아이들은 집에 있는 엄마를 너무 좋아했다. 첫째가 돌 무렵부터 어린이집을 다녔으니 그럴 만도 했다.

    나는 내가 책 판매 일을 하면서 배웠던 수업을 아이들에게 적용할 수 있었다. 책 읽기, 독후 활동 수업, 그림 그리기, 만들기 등 아이들과 함께 하는 시간이 행복했다. 행복도 잠시 나는 아이들에게 실수를 범하였다. 내가 아이들에게 엄마라는 이유로 욕심을 부리기 시작한 것이었다. 나는 고객 아이들을 대하듯이 우리 아이들에게도 친절하고 자상하게 했어야만 했다. 나도 모르게 기대심리가 발동했다.

결국, 나는 아이들에 대한 높은 기대로 표정이 점점 굳어지고 있었다. 아이들이 엄마 눈치를 보고 있다는 상황을 인지했을 때는 이미 서로가 감정이 상한 후이다. 내 자식은 내가 못 가르친다는 의미를 몸소 느끼는 시간이었다.

웅진에서 일할 때는 내 아이에게 시간 할애를 못 해줘서 안타까운 마음이 컸다. 퇴근 후 힘이 들어도 책 읽기, 독후 활동, 만들기, 그림 그리기 등 마지막 힘까지 쥐어 짜낸 이유다. 그래야지 나의 마음이 편안했다. 고객의 아이들에게는 수업을 해주면서 정작 내 아이들에게는 해주지 못하니, 속으로 마음이 몹시 아팠다. 나는 나의 아이들에게 숙제하듯이 책을 읽어주었다. 어쩌면 나의 편한 마음을 위해 최선을 다한 것이지 않을까 한다.

나는 전업맘이 되면 해주고 싶은 것이 있었다. 아이와 문화 센터 다니기, 낮에 놀이터에서 놀기, 근처 공원 나들이하기, 평일에 에버랜드 가기 등이다. 워킹맘으로서 낮에 할 수 없는 일들이다. 전업맘에 대한 부러움 때문에 갖게 된 소망이다.

전업맘이 되어보니 아침에 눈을 떠서 잠들 때까지 함께 있는 시간이 너무 어려웠다. 그토록 바라던 전업맘이 되었는데 마음이 점점 무거워졌다. 아침에 계획했던 일이 계획대로 이루어지지 않게 되었다. 아이들에게는 변수라는 것이 항상 생기기 때문이었다. 뒤죽박죽 어디로 튈지 모르는 아이들이라 나의 삶도 뒤죽박죽이 되어가는 느낌이 들어 매우 혼란스러웠다.

나는 출근, 퇴근, 육아라는 역할을 규칙적으로 하는 워킹맘 생활이 나에게 맞는다고 생각했다. 세 아이 생활비와 교육비를 남편 외벌이로만 충족하기에는 만만치 않았다. 교육비를 아무리 아낀다 해도 외벌이로 버는 생활비는 항상 모자라 허리띠를 졸라매야 했다.

나는 '돈이 없으면 벌자' 주의다. 나는 식당에 나가서 접시라도 닦을 각오는 되어 있었다. 무슨 수를 써서라도 아이들 교육은 제때 해주고 싶었다. 나는 가난해서 학원 보내달라는 이야기를 하지 못했던 상황이 떠올랐다. 나의 아이들에게는 물려주고 싶지 않은 나의 경험이다. 이곳 저곳 직업을 구해본 끝에 '충남서부아동보호전문기관'에 사무원으로 입사하게 되었다. 이것으로 나의 전업맘 생활은 5개월 만에 끝이 났다.

2015년 3월 2일, 회사 입사일이자 첫째 리원이의 초등학교 입학식이 있는 날이었다. 이상하게 첫아이에게는 많은 의미를 두게 된다. 첫 번째 초등학교,

첫 번째 체험학습 등 '첫 번째'라는 단어가 붙게 되면 그렇다. 그런데 나의 입사일과 리원이 입학식이 겹치면서 입학식에 참석할 수 없는 상황이 된 것이다. 상황을 설명하고 이해를 시킨다 해도 리원이가 서운하게 여겼을 것은 어쩔 수가 없었다. 나는 지금까지도 미안하고 리원이는 서운한 마음이 여전하다. 시간이 지나면 서로 괜찮은 날이 오길 희망한다.

나는 '충남서부아동보호전문기관'에서 회계, 총무가 주 업무인 사무원으로 일한다. 사무원은 1명으로 책임감이 절대적으로 필요한 자리이다. 휴가마저 여의치 않은 1년차 신입 워킹맘은 육아에 더욱 어려움이 따른다. 1년 미만 근무자는 1개월 근무해야 한 개의 연차가 생기기 때문이다. 이것마저도 여름휴가를 위해서 모아야 했다. 나는 급한 상황이 아니고는 연차를 사용하지 않았다.

나는 야근을 해서라도 업무를 마무리해야 직성이 풀린다. 회계를 배웠으나 아동보호전문기관은 회계 계정과목이 사업명으로 분리되어 있다. 사업을 이해해야 회계 적용이 가능했다. 그런데 나는 첫해, 사업에 대한 경험도 없을 뿐만 아니라 사업명도 생소했다. 난관에 봉착한 것이다. 나는 본인의 업무로 바쁜 사회복지사에게 눈치를 보며 물어서 배워야 했다. 막중한 책임감과 퇴근 후 세 아이 양육, 교육으로 나의 몸은 점점 지쳐갔다. 입사 3개월 만에 나도 모르게 500원짜리 동전 크기의 원형탈모가 생겼다.

나는 워킹맘이기 때문에 기도하는 것이 있었다.

'우리 세 아이 건강하고 열나지 않게 도와주세요.'

아이를 맡아 줄 곳이 마땅치 않았기 때문이다. 연차 발생이 한정적인 신입의 입장이라 '1년만 참자.'라고 기도했다. 1년이 지나 연차가 생기기만을 기다렸다.

나에게는 일도 중요하고 육아도 교육도 소홀히 할 수 없는 소중한 것들이다. 나는 미친 듯이 일했고 나의 일을 사랑했다. 야근으로 몸이 힘들어도 일의 소중함을 느끼며 일했다. 일하는 과정이 행복했고 일 마무리가 되면 보람도 크게 느꼈다. 집에서 육아만 했더라면 느낄 수 없는 감정이었다.

남들은 세 아이 키우면서 일도 하는 것이 대단하다고 말한다. 물론 쉽지 않은 일이다. 업무를 하는 순간순간 행복을 찾으려 하고 퇴근 후 가족이 모이는 시간 속에서 얼마든지 행복을 찾을 수 있다. 힘든 상황에서도 긍정적인 마인드로 시각을 변화시켜 보자. 맞벌이를 해야 하는 상황이 나를 행복으로 이끌어주고 있음을 깨닫는다.

둘째 대호 유치원 졸업식 이야기다. 유치원에서 졸업식 당일 아이들에게 상장 하나씩은 준다. 독특한 이름의 상을 만들어 아이들 개개인 맞춤으로 상을 준다. 그렇게 끝이 나는가 싶었는데 대호를 한 번 더 호명하였다. 전체 원생 중 단 2명만 받는 대단한 상, '개근상'이었다. 유치원 생활 3년 개근하면 받는 아주 의미 있는 상이다.

나는 대호에게 겉으로는 축하해주었지만, 마음 깊은 곳에서는 눈물이 났다. 일하는 엄마 때문에 아파도 유치원에 가야만 했고 눈이 오나 비가 오나 유치원에 등원하는 성실한 아이가 되어 있었다. 어리광도 부리며 가기 싫다고, 집에서 쉬고 싶다고 했을 법도 한데 그런 시도조차 하지 않았다. 어린아이지만 안 되는 상황임을 알고 있었기 때문이다. 2년 동안 하루도 빠짐없이 유치원을 다니느라고 고생한 대호를 꼭 안아주었다. 대호가 기특하기만 했다. 그 이후 내 핸드폰에 '기특지혜대호'로 연락처가 저장되었다.

전업맘 워킹맘 구분 없이 자신의 아이는 눈에 넣어도 아프지 않을 보물이다. 가정을 위해 일터에서 일하는 엄마, 가정을 위해서 집에서 살림과 양육하는 엄마 모두 공통점이 있다. 아이들을 가슴에 품고 있다는 점이다. 전업맘은 전업맘 대로 워킹맘은 워킹맘 대로 각자의 위치에서 최선을 다하면 되는 것이다.

엄마는 행복, 유쾌한 성격, 친절한 눈빛, 빛나는 온정을 자기 자신에서 만들어야 한다. 즉 긍정적인 엄마로 탈바꿈해야 한다. 내가 전업맘인데 전업맘이 싫을 수도 있다. 또한 내가 워킹맘이어야 하는 환경이 싫을 수도 있다. 차별 없이 전업맘, 워킹맘 모두 행복해야 한다. 전업맘, 워킹맘 선을 긋지 말고 엄마라는 나의 환경을 좋아해보자. 행복은 한순간에 찾아오지 않는다. 매일매일 행복할 때 우리는 행복하다고 말한다. 우리는 잊지 말아야 한다. 엄마의 행복은 곧 아이의 행복이라는 것을.

아이의 첫 번째 친구, 엄마

중매쟁이가 가난한 어머니에게 아버지를 소개했다. 밥 굶지 않는 집이라는 한마디에 어머니는 금산으로 시집을 갔다. 어머니의 행복한 삶은 산산이 부서졌다. 내가 기억하는 부부 싸움의 목격은 영화 필름처럼 생생하다. 대부분 일방적인 폭행이다.

술, 담배를 좋아하신 아버지는 삶에 대한 화를 어머니에게 푸셨던 것 같다. 어머니는 마음과 몸의 상처를 감당하기 버거워하셨고 부부 싸움을 한 날은 흐느껴 우셨다. 이런 생활은 우리 집이 금산에서 대전으로 이사 온 후에도 계속 이어졌다. 아버지가 술을 마신 날에는 항상 큰 소리가 났다. 우리 집에서 큰 소리가 나면 동네 아저씨들이 오셔서 대부분 말려주셨다.

나는 어린 나이지만 많이 창피했다. 그 당시에 아버지 술친구라는 이유만으로 아저씨들이 몹시 미웠다. 지금 생각해보면 어머니와 나, 동생들을 보호해주신 정말 고마운 분들이다. 나는 맏이로서 어머니가 불쌍했다. 키 153cm, 몸무게 48kg인 어머니를 보호하고 싶었다. 방구석에서 공포에 떨고 있는 동생들도 안아주고 싶었다.

내가 중학생이 되자 부부 싸움의 패턴을 파악할 수 있었다. 아버지의 언성이 높아지기 전 요령이 생겼다. 내가 먼저 아버지 대신 어머니에게 성질을 부리는 연기를 했다. 그러면 아버지 흥분이 가라앉았다. 나는 어머니에 대한 죄책감에 마음이 몹시 아팠다. 아버지는 다음 날 술이 깨고 나면 세상 둘도 없는 자상한 남편과 아버지가 되었다. 어머니는 술이 원수라는 말과 함께 아무일 없다는 듯이 아침을 시작하셨다.

아버지는 농사짓는 일 외에 특별한 능력 없이 가족의 생계를 책임져야 한다는 부담감으로 힘이 들어 술에 의존했던 것 같다. 아버지도 안쓰럽기는 어머니와 매한가지다. 아버지 마음속에는 나약한 어린 소년이 있다. 두려움 가득한 아버지였음을 커서 알게 되었다. 시골에서 도시로 이사한 후, 두려움을 감추고 가족을 위해 사회에서 풍파를 겪었을 아버지가 아닌가? 아버지에 대한 마음이 분노에서 존경으로 변하게 되었다.

내가 고등학교 시절, 어머니의 진짜 눈물을 보았다. 눈물 몇 방울로 툴툴 털어내시던 어머니의 눈에 밤새 눈물이 멈추지 않는 모습을 보았다. 나는 진지하게 어머니에게 이혼을 권했다. 내가 동생들을 책임질 테니 걱정하지 말라고 어머니에게 용기를 주었다. 우리 삼 남매가 어머니의 발목을 붙잡고 있는 것 같았다. 어머니는 말씀하셨다.

"너희가 나의 희망이고 행복이여~"

그 시절 어머니들은 자식에 대한 책임감이 전부이고 자신의 안위 따위는 중요하지 않게 생각했다. 귀에 딱지가 앉도록 들은 소리, "내가 너희들 때문에 산다."라는 말이 아닐까 한다.

나는 눈물로 촉촉하게 젖어 있는 어머니의 손을 잡고 어머니와 친구가 되었다. 나는 진정으로 어머니의 아픔과 기쁨을 온전히 함께하기로 다짐했다. 어머니에게 우리 삼 남매가 친구라는 사실을 깨닫게 된 것이다.

나는 나의 행복보다 가족의 행복을 위해서라면 무엇이라도 할 수 있었다. 반드시 성공해서 돈으로 고생하는 삶을 끊어내고야 말겠다고 다짐했다. 가정불화의 원인은 돈이었기 때문이다. 나의 어린 생각으로 돈만 많으면 행복할 것 같았다. 이렇게 나는 행복에 대한 갈망으로 성공 욕망이라는 씨앗을

심었다.

2017년 나의 출근 전 마지막 코스는 막내 서호 유치원 등원이었다. 분주한 아침 시간에 등원시켜주는 아침 5분은 매우 긴 시간이었다. 6살 아이와 상상의 나래를 펼치기도 하고 노래도 함께 부르는 즐거운 시간이었다. 우리는 라디오를 들으며 등원하고 출근했다.

어느 날 〈김영철의 파워FM〉에서 결혼에 대한 주제로 이야기 중이었다. 6살 서호가 갑자기 시무룩한 표정이 되었다. 슬프다고까지 했다. 이유를 물어보니 자기는 앞으로 결혼을 하지 못할 것 같아서 슬프다는 게 아닌가? 엄마하고 결혼해야 하는데, 이미 엄마는 아빠랑 결혼해서 서호는 결혼을 못할 것이라는 뜻으로 한 말이었다. 엄마가 아니면 결혼을 안 하겠다고 말하는 서호의 생각은 귀엽기만 했다. 서호가 6년 동안 경험한 세상에서 최선의 생각이었다. 나는 이미 아이의 첫 번째 친구가 되어 있었다.

서호는 가장 소중한 엄마를 빼앗긴 기분이었을 것이다. 엄마라는 존재는 아이에게 있어서 친구이자 선생님이고 세상 전부이다. 엄마는 아이의 첫 번째 친구로서 중요한 임무가 있다. 세상은 따뜻한 곳이고 친구와 함께라서 외롭지 않은 곳이라는 이미지를 심어주어야 한다. 아이의 밝은 눈동자를 어둡게 만들어선 안 된다. 세상을 당당하게 탐험하고 두려워 말라고 따뜻한 친구가 되어주어야 한다. 혹여 시련에 직면하더라도 손을 잡아줄 수 있는 친구가 있다고 깨우쳐주어야 한다. 어린 시절 긍정의 에너지를 습관화한다면 인생의 행복은 따놓은 당상이기 때문이다.

초등학교 1학년은 오전 수업 후 하교한다. 유치원 아이를 둔 워킹맘보다 초등학교 갓 입학한 아이를 둔 워킹맘의 고민은 발등에 떨어진 불이다. 학교를 일찍 마친 아이를 관리하는 것은 부모 몫이기 때문이다. 돌봄, 방과 후 수업, 학원 등 다양한 방법으로 일명 뺑뺑이를 돌린다.

나 역시 전화기로 아이 동선을 하나하나 점검해야 했다. 언제나 혼자 집에 들어가야 했던 첫째 리원이는 아무도 없는 집이 무섭다고 호소했다. 리원이는 놀이터에서 동생이 하원할 때까지 기다렸다가 집에 들어가곤 했다.

나는 초등학교 시절이 떠올랐다. 나의 부모님도 맞벌이를 하셨다. 나는 엄마가 집에 있는 친구들을 부러워했다. 때문에 리원이의 마음을 충분히 공감할 수 있었다. 현실적 대안을 낼 수 없고 엄마가 집에 있어주지 못한 미안한 마음이 컸다.

리원이는 동물을 정말 좋아한다. 3살 때부터 동물을 키우고 싶어 했다. 나는 아이 키우기도 벅찬데 강아지까지 키울 자신이 없었다. 리원이가 원해도 계속 미루고 미뤄왔다. 나의 마음 한편에는 동물을 소중하게 생각하는 리원의 마음을 존중했다.

나는 지역 맘카페에서 우연히 유기견을 보았다. 우리 식구가 되려고 그랬는지 강아지의 눈빛이 계속 생각났다. 퇴근 후 아이와 함께 유기견센터를 방문했다. 목줄이 채워진 상태로 버려진 유기견은 사람 손이 그리웠는지 우리 곁에서 떨어지려 하지 않았다. 발바닥은 쇠창살을 얼마나 긁어 댔는지 다 찢겨 피범벅인 상태였다. 우리 가족은 유기견 푸들에게 '애플'이라는 이름을 지어주고 가족이 되었다.

나는 아이 셋에 반려동물까지 키우는 워킹맘이 되었다. 덕분에 수의사를 꿈꾸는 리원이 꿈이 더 확고해졌다. 수의사, 동물과 관련된 법에 관한 일을 하고 싶다는 리원이는 따뜻하고 참 순수한 아이다. 리원이의 꿈을 지켜주는 첫 번째 친구이자 엄마가 되고 싶다.

모든 부모는 나의 아이가 유치원에서 학교에서 사회성이 좋은 아이이길 원한다. 사람들은 친구 관계를 통해서 많은 충만함을 얻기도 하고 상처도 받는다. 아이가 받은 상처는 엄마가 다 해결해주기 어렵다. 그러한 이유로 아이의 사회성을 길러주기 위해 부단히 노력한다.

아이가 사람들과 관계 맺는 방법은 가족을 통해 배운다. 따뜻하고 교감하고 격려하는 가정에서 자란 아이는 따뜻하게 교감하고 격려하는 방법을 배운다. 부모를 통해 친구라는 관념을 형성하는 데 큰 영향을 받는다. 아이의 첫 번째 친구인 엄마가 다른 사람의 마음을 헤아리는 연습을 시켜야 하는 이유다. 열린 마음으로 조언하고 아이가 자유롭게 의사를 표현하게 해주어야 한다. 이런 환경에서 자란 아이는 사회 적응력이 뛰어나 친구로 선택될 가능성도 크고, 다른 아이에게 친구가 되어달라고 부탁할 때 거절당할 확률도 낮다는 연구 결과가 있다. 결국, 사회성 좋은 아이가 되는 것이다.

나는 참
괜찮은 엄마야

내가 초등학생 시절 우리 집은 가난했다. 그 당시에는 모두가 어려운 시절을 겪고 있었기 때문에 그 사실을 전혀 알지 못했다. 하지만 성인이 되고서야 알게 된 사실이다. 부모님께서 공사장 일을 하시며 하루 벌어 하루 살아야 했다. 어머니는 급하게 돈이 필요할 때 이웃집에서 몇 만 원씩 빌려오시곤 했다.

하루는 어머니께서 고전 전집을 사오셨다. 없는 살림에 아주 큰 지출을 하신 것이다. 고전 분야의 책으로 마음의 양식을 쌓을 수 있었다. 나는 어머니의 교육에 관한 관심과 사랑을 느끼며 기뻐하며 책을 보았다.

기쁨의 시간은 아버지가 오시면서 산산이 부서졌다. 아버지는 없는 살림에 큰돈을 썼다며 어머니에게 화를 내셨다. 술에 취한 상태가 아닌 온전한 정신으로 화를 내는 아버지가 무서웠다.

과연 아버지가 소중한 아이들에게 책을 사주고 싶지 않아서 그러셨을까? 아이들에게 좋은 책을 읽혀주고 싶은 마음은 어머니와 같았을 것이다. 다만 당장에 먹고사는 문제가 더 크기 때문에 그러셨을 것이다. 그 고전 전집이 우리 집 첫 책이자 마지막 책이 되었다.

나는 책만큼 효과적인 교육은 없다고 생각한다. 형편이 여의치 않을수록 교육에 책을 매개체로 활용해야 한다. 아이들 책은 세계여행을 넘어 우주여행과 같다. 신이 인간에게 시간을 공평하게 주었다. 아이들에게 같은 시간 투자 대비 효과적인 방법은 책을 읽히는 것이다.

내가 책 판매 일을 하면서 내 생각을 말하면 주변 사람들이 많이 공감했다. 그러나 우리 아버지처럼 경제적 문제와 직면하게 되면 생각이 달라진다. 여유가 생기면 하겠다고 순위에서 밀려난다. 언제까지 기약 없는 순위로 말이다.

이 세상이 점점 더 살기 쉬워진다고 생각하는 사람은 아무도 없을 것이다. 살면서 어려운 도전과 문제는 반드시 생기기 마련이다. 대처 방법을 기를 수 있는 시간은 우리가 아이들에게 줄 수 있는 아주 멋진 선물이다. 아이가 최상의 해결책을 찾으려면 양질의 책을 마음껏 읽을 수 있는 시간이 꼭 필요하다.

아이를 키우는 일은 결코 만만한 일이 아니다. 일까지 한다면 더더욱 그러하다. 나는 시댁, 친정 모두 멀리 있었고 생업이 있어서 도와달라는 말을 꺼낼 형편이 되지 못했다. 나는 남의 손 빌리지 않고 육아와 일을 혼자 해야 했다. 워킹맘은 내가 선택한 일이니까 당연히 힘들어도 참아야 한다고 생각했다.

세 아이와 함께 집을 나서 유치원, 어린이집 보내고 출근하는 열정은 정말 대단했다. 나는 힘이 든다는 생각은 많이 들지 않았다. 지금 생각하면 미치지 않고서 그런 에너지가 어디서 나왔는지 모르겠다. 오직 아이들을 사랑하는 마음만 있었다. 그 당시 나에게 사람들이 대단하다고 말한 이유를 지난 시간을 돌아보면서 알게 되었다.

오산에 살 때 첫째 리원의 또래 친구 현서의 엄마를 사귀었다. 이웃집에 살았던 현서 엄마도 혼자 힘으로 세 아이를 키우는 엄마다. 우리는 책에 대한 관심사와 아빠의 늦은 퇴근시간이 공통점으로 친구가 되었다. 우리는 책 판매도 함께했고 퇴근 후에는 양육도 함께했다. 한 명이 저녁 준비를 하면 한 명은 아이와 함께 책을 읽는 놀이를 했다. 우리는 아이가 잠들 시간이 되어서야 헤어졌다. 우리는 바쁜 일상 일상에서 하루하루 다르게 자라는 아이들을 보며 행복해했다. 서로에게 육아 은인이자 소울메이트가 되어주었다.

하루는 현서 엄마가 고객 상담 예약이 있어 아이를 맡겨야 하는 상황이 되었다. 나는 리원이와 현서를 같이 보면서 기다리기로 했다. 상담이 길어지자 현서는 엄마를 찾기 시작했다. 아이들 표현은 울음이 아니던가? 현서는 기저귀를 갈아줘도 울음이 그치질 않았다. 나는 배가 고파서 우는지, 졸려서 우는지 몰라 이것저것 다 해보았으나 소용이 없었다. 결국은 현서에게 나의 젖을 물리는 방법이 최선이었다. 당황했지만 모유 수유가 매우 뿌듯한 순간이었다. 이후에도 리원이는 현서 엄마의 젖을, 현서는 나의 젖을 서로 젖동냥을 했다. 홍성으로 이사 온 뒤로 현서 엄마가 더 고맙고 그립다. 나에게 현서 엄마의 빈자리는 너무 크다.

열정은 키울 수 있는 것일까, 타고난 기질일까? 아이의 열정은 이 세상에 즐겁게 참여하려는 아이의 소망을 허락해주고 격려해주는 부모의 능력에 달려 있다. 아이가 열정적으로 살아가는 데 부모의 열정이 토대가 되어야 한다. 부모로서 이끌어주고 격려해주고 올바로 지시해주어야 하는 이유이다. 하지만 인생의 숙제를 풀어야 할 사람은 우리가 아닌 아이들임을 명심하자.

마지못해 일하는 워킹맘이 아니라 열정의 아이콘으로 당당하게 살아가는 모습을 보여주는 것이다. 아이는 엄마의 열정적인 삶을 통해 저절로 열정을 키우게 된다.

나의 세 아이는 내가 '충남서부아동보호전문기관'에서 일하는 것을 자랑스럽게 여겼다. '충남서부아동보호전문기관'은 국제 NGO단체 '굿네이버스'와 충청남도가 위·수탁 계약하여 운영하는 곳이다.

'굿네이버스'가 진행하는 사업에 참여할 수 있는 장점이 있다. 해마다 여는 '희망 편지 쓰기 대회'를 통해 해외 아동에게 편지를 보내고 자발적 기부도 할 수 있다. 학교로 '희망 편지 쓰기 대회' 자료가 전달되어 아이가 집으로 가져올 때면 엄마 회사라며 정성스럽게 편지도 쓰고 그림도 그리고 했다. 나눔을 실천하는 의미 있는 활동은 아이들의 내적 성장을 도왔다.

나는 워킹맘이라는 이유로 아이들에게 늘 미안함이 많았다. 부족한 엄마를 아이들은 오히려 자랑스러워하며 기죽지 말라고 격려해주었다. 때문에, 일이 힘든 상황이었지만 그만두지 못하는 웃긴 상황이 되어버렸다. 다른 가정의 아이들과는 다르게, 엄마가 일을 그만 두는 것을 반대하는 초등학교아이들이 바로 내 아이들이었다. 일을 그만두는 것을 반대하는 초등학교 아이들이다.

아이들은 엄마의 뒷모습을 통해 세상을 본다고 했다. 나 스스로가 사회의 일원으로 자부심을 지니고 당당하게 삶을 살아야 한다.

빌 게이츠는 아침에 일어나면 "나는 할 수 있다. 오늘은 왠지 나에게 좋은 일이 있을 것 같다."라고 외치면서 하루를 시작했다. 우리도 '우리 아이는 매일 조금씩 나아지고 있어. 나는 매일 조금씩 성장하고 있어.'라는 마음으로 하루를 시작해보자. 어떤 어려움에 당면해도 꿋꿋하게 작은 것에도 감사하는 마음은 스스로 행복해지는 마법이 된다. 감사하는 마음으로 마음속 걱정과 불안을 이겨 낼 수 있다. 게다가 감사하는 마음을 가지면 감사할 일이 더 많이 생긴다.

아이에게 가장 강력한 스펙은 엄마이다. 성공한 사람들 곁에는 훌륭한 엄마가 있었다. 엄마가 아이의 든든한 울타리가 되어주어야 한다는 사실을 잊지 말자.

우리는 아이를 양육하면서 많은 실수를 한다. 자신의 실수를 인정하는 것은 쉬운 일이 아니다. 용기 있는 부모가 자신의 실수를 인정한다. 아이가 실수하면 너그러운 눈으로 바라보고 아이의 입장에서 생각해보는 따뜻한 시선을 전달해야 한다. 자신의 실수를 인정하는 부모는 아이의 실수도 인정하고 받아들일 수 있게 된다.

나는 때론 나의 실수가 반가울 때가 있다. 그 자리에서 실수를 인정하고 바로잡는 모습으로 교육이 되기 때문이다. 엄마도 실수할 수 있다는 것을 인정하고 바로 수정하는 모습은 보여준다면 아이는 작은 실수나 실패에 굴하지 않고 꿋꿋하게 성장할 것이다.

아이에게 "실패해도 괜찮아. 엄마도 실패하는걸? 다시 도전해봐. 이번에는 더 잘할 수 있을 거야."라는 말로 응원해주자. 아이는 엄마의 응원과 격려로, 자기 스스로 판단해서 어려운 상황을 극복해 낼 힘을 얻는다. 즉, 인생을 지혜롭고 따뜻하게 살아갈 수 있게 된다. 아이에게 좋은 영향력을 끼친다면 '나는 이미 괜찮은 엄마다.'라는 자부심을 지녀도 좋다.

✿

06

세 아이에게 나는
부모인가, 감시자인가?

나는 세 아이에게 부모인가? 감시자인가? 부모라는 이름은 좋은 것이고 감시자는 나쁘다는 것을 질문에서 알 수 있다. 질문에 대한 답을 자신 있게 "나는 부모입니다."라고 말할 수 있는 사람은 과연 얼마나 될까? 그렇다. 이 질문에 자유롭게 대답하는 부모는 드물 것이다. 부모라면 누구나 감시자는 되고 싶지 않기 때문이다. 이론은 이론일 뿐 현실은 그렇지 않다. 머리와는 다르게 현실은 감시자로 아이를 대하고 있다. 우리는 아이를 잘 키우고 싶은 욕심에 부모가 변형된 감시자라는 이름으로 살아간다.

"여보세요?"

"엄마, 저 이제 학교 끝났어요. 놀이터에서 좀 놀려고요."

"리원아, 놀 시간 없어. 팩토수학 갈 시간이야."

"…"

"리원아, 팩토수학 마치면 엄마한테 전화해."

첫아이 리원이와 통화 내용은 단 몇 마디, 1분 남짓이면 용건이 끝이 난다. 나의 용건만 전달하면 나의 할 일을 다 했다는 듯이 급히 끊는다.

일하면서 내가 할 수 있는 최선의 관리 방법은 전화통화이다. 짧은 시간에 단 몇 마디로 아이를 관리하는 방법이다. 이마저도 일이 바쁠 때는 아이 전화를 못 받거나 확인 전화를 지나치는 경우도 많다. 다행히 리원이는 엄마 말을 로봇처럼 잘 들었다.

워킹맘인 나는 아이도 잘 키우고 있고 일도 책임감 있게 잘하고 있다고 착각을 했다. 주변에서는 세 아이를 키우기도 힘든데 일까지 하는 나에게 정말 대단하다는 말을 많이 했다. 나는 '세 아이를 잘 키우고 있구나, 일도 잘하고 있구나.'라고 스스로 자만했다. "엄마는 내 마음도 모르고!"라는 첫아이 말을 깊이 이해하기 전까지 그랬다.

나에게 감정을 드러내는 아이의 말을 거슬려하며 부정했다. 아이가 감정을 드러내는 것은 소통하고 싶다는 뜻이라는 것을 나는 몰랐다. 대드는 것이라고 오해를 했다. '내가 이토록 열심히 일하고 너희를 최선을 다해서 키우는데, 대체 무슨 헛소리야?' 정도로 생각했다. 오히려 엄마 마음을 몰라주는 것 같아서 배신감까지도 느꼈다. 나는 아이의 소중한 마음을 몰라주는 무늬만 엄마였다. 남들 눈에만 대단한 가짜 엄마 말이다.

나의 어머니는 경제적으로 풍족함을 누리게 해주지 못한것을 제외하고는, 최고의 엄마였다. 어머니는 어린 시절부터 경제적으로 없는 삶에 익숙하셨다. 우리 삼 남매는 '없으면 없는 대로!'라는 말을 귀에 딱지가 앉도록 들어야 했다. 부모님은 먹고살기 바쁜 나머지 우리 삼 남매를 관리 감독을 할 수 없는 상황이었다. 학교도 각자 알아서 가야 했고 숙제도 스스로 해야 했고 준비물을 챙기지 못해 그대로 학교에 간적도 많았다. 준비물을 챙기지 못해서 아이들 앞에서 창피함도 맛보아야 했다. 이 모든 환경은 나를 책임감 강한 사람으로 키웠다. 어머니는 '내 삶의 주인은 나다.'라는 교훈을 일찍부터 깨우쳐 주셨다.

어머니의 양육 방식은 방목이었다. 내가 해야 할 일만 정해주셨다. 어머니는 일하면서 중간에 확인하지도 않았다. 확인할 수도 없는 상황이었다. 나는 해야 할 일을 하지 않아도 어머니께 꾸중을 듣지 않아서 좋았다. 오히려 숙제를 하지 않았기 때문에 학교에서 꾸중을 들어야 했다. 어머니는 퇴근하고 집에 오시면 밝은 미소를 지으며 우리를 맞아주셨다. 삼 남매가 안전하게 지내 준 것만으로도 감사한 마음이 크다고 했다. 그런 이유 때문인지 나는 어머니께 큰소리로 꾸중을 들은 기억이 없다. 나는 어머니의 큰 사랑으로 따뜻한 마음과 긍정적인 성격을 가질 수 있었다. 내가 더 단단하고 밝게 성장할 수 있었던 이유는 어머니 덕분이다.

집안에 여유가 없었기에 나의 어머니는 먹고사는 것에만 집중했고, 내가 받은 교육은 학교 교육이 전부였으며, 사교육 근처는 가보지도 못했다. 나는 내가 못 받은 교육에 집착해 아이들을 키웠다. 집착을 사랑으로 착각한 것이다. 나의 부모님이 1순위로 베푸셨던 사랑이 먼저라는 것을 잊은 채 살았다. 나는 물질적, 교육적으로 부족하지 않게 해주는 것이 사랑이라고 착각했다. 나의 착각으로 아이들의 밝은 마음이 씽크홀처럼 꺼져가고 있음을 뒤늦게 가서야 깨달았다.

아이와의 짧은 전화통화만으로 충분히 사랑을 주고받을 수 있다. 나는 방법을 몰랐기 때문에 어리석게 양육하고 있었다. 일과 중 전화통화는 관리하고 감독하는 용도였지 그 이상도 이하도 아니었다.

주변 워킹맘이 가장 많이 하는 말은 '시간이 없어서'라는 말이다. 나도 물론 그러했다. 그러나 시간이 많아야 사랑을 많이 주고 시간이 없으면 사랑을 조금 줄 수밖에 없을까? 그것은 다른 문제다. 어쩌면 시간이 없어서 더 양질의 사랑을 줄 수 있을 것이라고 믿는다.

비단 시간문제는 워킹맘만의 문제는 아니다. 전업맘에게도 아이와 함께 하는 시간이 많다고 많은 사랑을 주고받을 수 있다는 착각은 금물이다. 워킹맘도 전업맘도 방법의 차이일 뿐 충분한 사랑을 주는 부모가 될 수 있다. 시간문제를 논하지 말고 관점을 바꾸어야 한다.

나는 자녀 교육도서를 읽으면서 스킨십에 대해서 알게 되었다. 일반적으로 스킨십이라 하면 몸의 접촉만 생각하기 쉽다. 스킨십은 신체 접촉뿐 아니라 눈 맞춤, 감정 접촉 등 다양하다. 나의 아이와의 접촉 시간은 아침과 저녁으로 한정되어 있었다. 그래서 신체 접촉에 얽매이지 않고 눈 맞춤, 감정 접촉에 집중하려고 했다.

바쁜 아침에도 아이와 대화할 때는 무릎을 꿇고 시선을 맞추려 노력했다. 아이와 전화통화를 할 때면 아이의 학교생활이 어땠는지 먼저 물어보았고 아이 말을 경청하려고 했다. 아이 마음이 긍정의 감정이면 함께 기뻐하고 즐거워했다. 부정의 감정이면 들어주고 속상한 마음에 공감만 해주어도 아이는 금방 기분이 좋아진다.

나는 공감 능력이 일찍 길러졌다. 부모님께서 부부 싸움을 할 때 중재를 자주 하다보니 양쪽 입장을 고려하는 것이 능숙해져 길러진 오랜 능력이다. 나의 세 아이의 마음에 공감해주기란 어렵지 않았다. 다만, 감정을 인지하고 있어야 했다. 무의식적 상태에서는 공감하는 마음보다 감독, 관리하는 감시자 역할이 먼저 실행되었다. 세 아이에게 나는 부모인가, 감시자인가?

부모 역할 중에 수면의 위로 떠오르는 역할이 있는가 하면 수면 아래에 잠겨 있으면서도 꼭 필요한 요소들이 있다. 어쩌면 보이는 것보다 보이지 않는 것이 더 중요한 역할일 수도 있다. 다른 사람의 눈을 의식해서 겉으로 보여주는 것에만 치중하게 되면 부모가 아닌 감시자가 되고 만다.

사랑은 위대한 힘을 가지고 있다. 아이와의 관계에서 모든 문제를 해결할 수 있는 마법이다. 부모는 아이에게 마음으로만 사랑한다고 하지 말아야 한다. 아이에게 사랑의 표현을 행동으로 때로는 말로 표현해야 한다. 아이와 대화를 할 때 눈으로 스킨십을 해주고 아이 감정을 존중해줄 때 진정한 부모로서의 역할을 하게 된다. 이렇게 사랑을 받은 아이는 자신을 사랑스럽고 능력이 있다고 여기며 세상을 살아간다. 아이가 이렇게 긍정의 감정을 느낄 수 있을 때 우리는 진정한 부모로서의 중요한 역할을 다 할 수 있다.

07

매일 아침
아이와 이별하는 워킹맘

자기만족을 위해 워킹맘을 선택한 사람이 있는 반면에 생계를 위해 선택한 사람이 있다. 워킹맘 타이틀을 달기까지 각자 사연도 다 다르다. 자의든 타의든 워킹맘이 된 이상 물러날 곳은 없다. 일과 육아를 병행하는 워킹맘은 두 마리 토끼를 잡아야만 하는 중대한 위치에 있는 엄마다. 세상은 두 마리 토끼를 잡을 수 없다고 도전하는 싹을 잘라버린다. 잡을 수 없을지언정 할 수 있는 데까지 밀어붙이는 끈기, 근성은 가지고 있어야만 한다. 나와 같이 생계형 워킹맘이라면 더욱 그러하다. 워킹맘 스스로 한계를 짓지 않는다면 한계란 없는 것이다.

나는 생계형 워킹맘에 가깝다. 아이에게 책을 마음껏 사줄 만큼 넉넉하지 않았기 때문에 스스로 선택한 것이다. 물론 자기만족도 있었다. 나는 성장하는 아이들에게 책을 권하는 것만큼 선한 영향력도 없다고 생각했다. 좋은 책을 소개해서 아이들에게 읽히는 일이 자부심이었고 동기부여가 되었다. 책을 판매하면서 생긴 수익금은 아이 책을 구매하는 비용에 투자했다.

남편의 수입만으로 먹고사는 데는 지장이 없었지만, 교육에 투자하려면 추가 수입이 필요했다. 워킹맘은 경제적 이득이 상당 부분을 차지하므로 한 번 선택하면 쉽게 놓을 수 없기도 하다.

영유아를 키우는 워킹맘의 아침은 그야말로 전쟁이나 다름없다. 잠에서 깨우고 아침 먹이고 씻기고 입히고 엄마의 외출 준비까지 마치면 혼이 쏙 빠진다는 말에 공감한다. 힘들다고 생각할 틈조차 없다. 아이들은 변수가 항상 생기기 때문에 아침을 제대로 못 먹이기도 하고 옷을 싸서 보내기도 했다. 엄마 옷에 밥풀 떼기 정도는 애교다.

급하면 제 짝이 아닌 신발을 신기도 한다. 직접 경험해보지 않으면 모를 일이다. 나를 이해해달라는 것이 아니다. 내가 워킹맘으로 살아가는 것은 나의 선택이고 선택에 따른 책임은 내가 져야 한다는 것이다.

워킹맘 애환의 강도는 나보다 더 강할 수도 약할 수도 있다. 나는 세 아이를 키우기 위해 일터로 나서야 했기 때문에 마음을 강하게 먹었으나 결코 만만한 일은 아니었다. 워킹맘 선택을 앞두고 있다면 마음을 단단히 잡고 도전하길 권한다. 후회하지 않도록 말이다. 일에 가치를 두고 긍정의 마음으로 무장한다면 생각 이상으로 보람과 대가도 있다.

내가 일을 하면서 가장 우려했던 점은 아이와의 애착 형성이다. 고민 끝에 나는 아이와 하루 종일 함께 있는 것이 애착 형성이라고 믿지 않기로 했다. 어떻게 지내느냐가 더 중요하다고 생각했다.

부지런한 전업맘이 아니라면 일을 하는 워킹맘이 아이에게 더 나을 수 있다. 왜냐하면 전업맘도 해야 할 역할이 있어서 아이가 어린이집, 유치원에서 생활하는 동안 쉬지 않아야 한다. 아이가 하원 후 놀이, 교육, 간식 등 준비해야 할 사항들이 많기 때문이다. 게으르면 허송세월하다가 준비 없이 아이를 맞이하게 된다. 하루 이틀이야 그럴 수 있지만 연속된다면 습관으로 굳어져 게으른 엄마가 되고 만다. 게으른 엄마 밑에 게으른 아이만 남게 될 뿐이다.

나는 아침에 아이와 헤어질 때 항상 말하는 것이 있다.

"사람이라면 일을 해야 한단다. 엄마는 회사에서 일하고 우리 아가는 어린이집에서 노는 것이 일이니까 재미있게 놀다 만나자."

아이가 알아듣지 못할 때도, 말귀를 알아들을 때도, 항상 헤어지면서 해주었던 말이다. 저녁때 만나면 "오늘도 일 열심히 했어요?" 하고 안아 준다. 그럼 하루 동안 놀이했던 이야기 보따리를 풀어놓기에 여념이 없다.

올해 중학생이 되는 첫아이는 일에 대한 가치를 정립해나가는 과정에 있다. 일이 꿈으로 발전하여 밝고 긍정의 시선으로 성장하고 있다. 특별히 잘나지 않은 엄마 밑에서 예쁘게 자라주는 세 아이들이 대견하기만 하다.

워킹맘 육아에 대한 딱딱한 편견을 가지지 않았으면 좋겠다. 워킹맘이 우려하는 것들이 모든 워킹맘에 적용되는 것이 아니라는 것을.

나는 아이들이 어릴 때 책에 관한 일을 선택한 것이 정말 잘한 일이라고 생각한다. 거실, 안방, 부엌, 작은방 등 곳곳에 책이 없는 곳이 없었다. 아이 눈높이에 맞추어서 배치를 해두었다. 아이가 똑똑하고 공부도 잘하고 성공했으면 하는 마음이 컸다. 순전히 지식을 주입하기 위해서였다.

지금 생각하니 참 옹졸했고 어리석었다. 책을 많이 사는 나를 못마땅해하며 시어머니는 나무라셨다. 나는 싫은 내색을 하며 당당하게 말했다.

"어머니, 저는 아이가 학교 다닐 때 학원 도움 없이 책으로 스스로 공부하는 아이를 만들 거예요!"

시어머니는 기가 찼는지 더이상 말씀이 없으셨다. 더 현명하게 대처할 수 있었는데 왜 그랬을까? 죄송하고 부끄러웠던 지난 시간이다.

나는 아이의 인지발달에 중점을 두고 책에 접근했다. 상위 1% 목표로 야심차게 말이다. 하지만 아이는 엄마를 조롱하듯 인지와 관련된 책은 흥미로워하지 않았다.

자기 마음을 알아주고 공감해주는 따뜻한 정서적인 책을 좋아했다. 아이와 책을 읽는 시간은 아이의 치유 시간이었던 것이었다.

책을 읽는 내내 아이 표정에서 흐뭇함과 만족감이 느껴졌다. 반복 읽기로 아이는 부족한 무엇인가를 채워갔다. '나의 일이 책 관련 일이 아니었다면 공허한 아이 마음을 만져줄 생각이나 할 수 있었을까?' 하는 의문이 든다. 책 판매를 한 일은 아이들에게 정말 잘된 일이었다.

나의 에너지의 근원은 세 아이와 책 읽는 시간이다. 책 읽기는 엄마와 애착형성도 하고 간접경험을 통해 만족, 희열, 슬픔 등 정서를 채우기 때문에 일석이조로 좋다. 일하면서 책 육아를 선택한 나는 두 마리 토끼를 잡을 수 있다는 희망을 품게 되었다. 희망은 현실이 된다는 긍정 육아를 하게 한다.

책에 풍덩 빠져들면 '아, 나도 그렇게 느꼈는데! 맞아, 나도 그런 말을 하고 싶어! 나처럼 이 친구도 그랬구나!' 하고 공감을 하게 된다. 책을 읽는 도중에 아이는 등장인물이 느끼는 감정을 함께 느끼기도 한다. 눈물이 나기도 하지만, 굳이 눈물이 나지 않더라도 뭉클한 감동에 뿌듯해진다.

이런 과정은 내면을 치유하도록 돕는다. 아이에게 제일 좋은 치유는 엄마 품에 안겨 책을 읽는 기억만 한 게 없다.

워킹맘의 아이는 엄마와 눈을 마주할 수 있는 시간이 전업맘에 비해 많지 않기 때문에 엄마가 모르는 상처를 입게 된다. 아침에 엄마와 떨어져 있어야 하는 시간이 상처일 수 있고 집에서처럼 자유롭지 못한 어린이집 생활이 그러할 수 있다.

아이가 책을 좋아하게 만드는 데 가장 효과적인 특효약은 읽어주기, 또는 함께 읽기이다. 함께 읽으면서 이야기를 나누는 즐거움을 느끼게 해주도록 더 노력해야 한다. 내가 처음 가졌던 오류를 범하지 않으면 된다.

책 내용을 이해시키려고 하거나 무엇인가를 가르치려 하지 말자. 그냥 이야기를 나누는 것만으로 충분하다. 일과 육아를 병행하는 엄마들에게 나의 책 육아 방법이 소소한 팁으로 조금이라도 도움이 된다면 더할 나위 없이 기쁠 것이다.

우리가 일하기 위해 매일 아침 아이와 이별하는 것은 슬픈 일이다. 관점을 바꿔보면 이별 뒤의 만남은 더 기쁜 시간이다. 그러니 최선을 다해 일하고 아이와 기쁘게 다시 만나자.

· 2장 ·

워킹맘의 하루는
5시에 시작된다

워킹맘의 하루는
5시에 시작된다

결혼 전 '아침형 인간' 열풍이 불어 성공의 아이콘으로 떠오른 때가 있었다. 아침에 일찍 일어나서 하루를 먼저 시작한 사람이 성공한다는 이론이다. 나는 아침 운동을 시작해보기로 결정을 내리고 배드민턴 치기, 수영 후 출근하기를 실천했다. 성공하고자 하는 열망으로 무조건 따라 했다. 상쾌하게 하루를 시작하는 것은 좋았으나 목표 없이 부지런히 생활한 것은 체력의 한계점만 아는 것에서 끝이 났다. 새벽에 일어나는 일은 나와 맞지 않는다며 접었던 기억이 있다.

나는 첫아이 출산 후 낮과 밤이 바뀌었다. 많은 산모가 겪는 특별하지 않은 경험이다. 나의 시간은 아이의 생체 시간에 온전히 맞추게 된다. 밤이면 초롱초롱한 눈빛으로 방긋방긋 웃으며 '놀아주세요.'라고 메시지를 보내는 아이를 어찌 모르는 척할 수가 있겠나. 아이에게 젖 물리고 말 걸어주고 야밤에 그렇게 한 달을 놀았다. 출산 회복할 시간도 없이 그렇게 엄마의 삶은 시작되었다. 몸은 고되었어도 심적으로 무척 행복했던 시간으로, 지금도 생생하게 기억이 난다.

나는 다른 엄마들보다 힘도 세고 체력이 강하다고 생각한다. 세 아이를 키우면서 한 번 쓰러진 경험 외에는 몸이 아파서 아이를 돌보지 못한 적이 없다. 나이 40이 넘어서야 체력 한계를 느꼈다. 그 전까지만 해도 언제까지나 강철 체력일 줄 알았다. 불혹의 나이를 넘어서자 아침에 어지러움과 함께 구토 증상이 생기기 시작했다. 나는 첫아이 출산 후 쓰러진 이유를 알게 되었다. 저혈압이 원인이었다. 저혈압인 사람은 아침 시간에 정상혈압까지 올라오는데 정상 혈압인 사람보다 시간이 더 걸린다는 것을 알게 되었다. 눈을 떠도 바로 일어나지 못했던 이유가 저혈압 때문이었다.

나는 아이들을 재우는 시간에 같이 잠자리에 들었다. 아이들을 재우고 다시 일어나는 일은 새벽 기상보다 더 어려웠기 때문이다. 마음 편히 자는 것이 피로의 회복이 빠르고 나와 맞았다. 저녁에 돌려놓은 빨래를 아침에 다시 돌려야 하는 일도 부지기수였지만 연연해하지 않았다. 일찍 잠자리에 들고 일찍 일어나는 패턴으로 생활했을 뿐 수면시간이 줄어든 것은 아니었다.

'내일 아침 몇 시에 일어날까?'에서 '오늘 몇 시에 잠자리로 들어갈까?'로 관점을 바꿔보자. 하루 마감하는 시간과 하루를 시작하는 시간의 차이가 부지런한 사람으로 보이게도 하고 게으른 사람으로 보이게도 한다. 그렇다면 일찍 자는 사람이 부지런한 사람인가, 일찍 일어나는 사람이 부지런한 사람인가? 정답은 없다. '일정한 수면 패턴을 유지하고 적당한 잠을 자야 한다.'가 정답이다.

사람은 수면을 통해 세포가 재생되며 에너지를 충전하게 된다. 일찍 일어나기 위해 잠깐의 잠을 줄일 수는 있어도 계속해서 수면을 줄이게 되면 삶의 질이 줄어들 수밖에 없다. 하락한 질은 고스란히 아이들에게 영향이 미친다. 엄마의 삶이 5시에 시작되든지, 8시에 시작되든지, 양질의 수면을 위해서 더 관심을 가져야 한다. 깨어 있을 때 삶의 질이 달라지기 때문이다.

워킹맘 인생의 주인공은 워킹맘 자신이다. 잘났든 못났든 내가 주인공인 삶이다. 어차피 살아가야 하는 워킹맘 인생이라면 희노애락을 만날 때 내가 중심을 잡고 있어야 한다. 워킹맘 인생의 축제를 즐길 것인가, 남이 내준 숙제를 할 것인가? 이는 나의 선택으로 결정된다.

이왕이면 재미있고 즐겁게 사는 쪽을 선택하자. 나의 일을 소중히 여기고 육아에 정성을 쏟는 과정을 즐겁게 받아들이면 현명한 엄마로 성장한다. 때로는 넘어지고 실패하더라도 인생 축제의 디딤돌이 되어줄 것이다. 완벽한 인생이 어디 있던가? 내가 만들어가고 살아내는 것 자체가 위대하다. 가치를 어디에 두느냐에 따라 축제의 주인공인 삶을 살게 된다. 최고가 아닌 차별화된 인생, 넘버원 대신 온리원에 가치를 두는 인생은 희망이자 즐거운 일이다.

나의 어머니는 항상 손으로 빨래를 하셨다. 밤늦은 시간까지 주무시지도 못하고 빨래를 하시던 모습은 너무 익숙한 모습이다. 집에 세탁기가 들어왔어도 손빨래를 고집하셨다. 빨래하시는 도중에 조는 모습도 많이 보았다. 어머니는 가진 것은 없어도 아이들 옷은 깨끗하게 입히고 싶으셨다고 하셨다. 아이들에게 깨끗한 옷을 입히는 것이 엄마의 행복이셨던 것이었다. 세탁기도 못 이긴 손빨래 사랑의 이유다.

어머니가 우리를 키우시던 시대에 비하면 지금은 세탁기가 빨래하고 청소기가 청소하고 밥솥이 밥을 한다. 예전에 비하면 육체적인 가사노동과 육아가 수월해진 것은 확실하다. 그렇지만 왜 삶이 팍팍하고 왜 힘듦은 가중되는지 의문이 아닐 수 없다.

내가 엄마가 되어보니 어머니가 베푸는 사랑의 고마움이 어떤 것인지 절실히 깨닫게 되었다. 자식 잘되는 일이라면 몸이 망가지는 일엔 관심조차 없는 것이 어머니의 사랑이었다. 소박한 삶에서 행복을 찾으셨던 나의 어머니는 긍정의 여사로 정말 멋진 분이었다. 이는 내가 어머니를 존경하는 이유 중 하나이다.

내가 경기도 오산에 살 때 세 아이와 함께 외출이라도 하면 사람들이 외계인처럼 쳐다봤다. 그럴 만한 것이 한 명은 걷게 하고 한 명은 손을 잡고 나머지 한 명은 아기 띠에 안고 다녔기 때문이다. 사람들의 신기한 눈빛과 안쓰러운 시선에 마음이 불편했던 기억이 있다. 아이 수가 부의 상징이라고 할 정도로 경제적 부담 때문에 출산 기피 현상은 점점 심해지고 있다. 그러나 나는 셋째 아이를 계획하지는 않았다. 나의 운명으로 다자녀를 받아들였다. 졸지에 애국자가 되었다.

강한 정신력은 자신에 대한 믿음에서 나온다. 믿음이 확고하면 어떤 위기 상황에 직면하더라도 흔들리지 않는다. 나는 어머니의 강한 정신력을 보며 자랐다. 심적으로 힘이 들 때면 항상 어머니의 정신력을 떠올리며 일어섰다. 사실 육체적인 어려움은 얼마든지 이겨낼 수 있었다. 정신적으로 상처받고 부정의 생각이 밀려들 때는 상처가 회복되기까지 시간이 필요했다. 나는 지혜로운 어머니 덕에 슬기롭게 지금까지 잘 살 수 있었다. 앞으로의 여정에 어머니가 마음에 항상 함께 자리할 것이기 때문에 든든하다.

나는 아침에 일찍 일어나 집안일을 신속하게 했다. 아이들이 일어나기 전에 밀린 빨래, 청소, 정리정돈, 설거지 등의 집안일을 몰아서 집중해서 했다. 퇴근 후 밀린 집안일을 하는 것을 포기했다. 아니 아침으로 미루었다. 늦게 잠들어 늦게 일어나게 되면 아침밥 챙기는 일은 고사하고 잠자는 세 아이를 깨우는 일은 내 마음처럼 되지 않아 애먹는 일이 다반사였기 때문이다.

내가 선택한 방법은 퇴근 후에는 최소한의 집안일만 하는 것이었다. 저녁 챙기고 목욕시키고 하면 이미 에너지 고갈 신호가 온다. 아이에게 책 읽어주는 시간은 소통하는 시간으로 마지막 힘은 이 시간을 위해 남겨놓는다. 단 한 번도 집안일을 우선순위로 두지 않았다.

나는 9시 취침, 5시 기상해도 8시간 수면을 할 수 있다. 해야 할 일을 다 마치고 볼 것 다 보고 자면 죽었다가 깨어나도 5시 기상은 꿈도 못 꾼다. 워킹맘에게 7시간에서 8시간 수면은 꼭 필요하다.

엄마의 건강한 환경은 아이의 환경과 같다. 그러므로 나의 건강한 환경은 스스로 돌보아야만 한다. 사람은 몸과 마음을 제대로 돌보지 못하면 마음의 병이 온다. 우울한 엄마보다 게으른 엄마가 훨씬 낫다.

아이 양육은
넘어야 할 산이 아니다

아이 양육은 꼭 넘어야 할 산이어야만 하는가? 아프리카 속담에 '어린이 한 명을 기르기 위해서는 한 마을이 필요하다.'라는 말이 있다. 이 속담에 담긴 의미처럼 아이를 키울 때 어떻게 정성을 쏟아야 할까? 어떻게 지혜롭게 대처해야 할까? '어떻게'라는 질문을 던져보면 아이 양육은 넘어야 할 산만 같다.

오산에 살고 있을 때 일이다. 첫째, 둘째, 셋째 아이가 5살, 3살, 1살로 세상 제일 바쁜 워킹맘의 삶이었다. 그 당시는 힘이 드는 줄도 몰랐다. 매일 아침 눈 뜨면 눈앞에 보이는 세 아이를 직면하기 때문에 '힘들다'라고 생각할 틈조차 없었다. '양육은 이렇게 하는 거야'라는 개념이 확실하지도 않았다. 나는 얄팍한 정보로 아이 상황에 맞추어 즉흥적인 양육을 했다. 매일매일 새로운 삶이 펼쳐졌다. 나의 삶으로 받아들여 생활했기 때문에 양육이 그렇게 버겁 지는 않았던 것 같다. 아이들로 인해 오히려 나의 인생 중에 가장 열심히 살 게 되었던 시기가 아닌가 싶다.

퇴근 후 세 아이와 함께 집에 도착하면 세 명의 아이들은 흥분했다. 어린 이집, 유치원 생활의 연장으로 받아들이지 않았나 생각한다. 나는 이미 지쳐 있는데 아이들은 새로운 에너지가 솟아난다. 아이들은 쉬지 않고 자기들만 의 놀이에 빠지고 나도 곧바로 저녁 준비를 챙기기 시작한다. 엄마는 엄마대 로 아이들은 아이들대로 각자 볼일에 빠진다.

세 명의 아이들이 엄마 아빠 역할 놀이를 할 때면 분쟁이 많이 발생한다. 아이들 각자가 하고 싶은 역할이 중복되면 싸워야 하기 때문이다. 결국 밀리 는 아이는 울고 억지로 양보한다. 그러면 누군가는 성취욕을 얻고 기분이 좋 아진다. 돌쟁이 아기도 좋고 싫음을 표현한다. 경쟁에서 승리하려는 욕구가 인간의 본성이라는 것을 아이들을 통해 다시 깨닫게 되기도 한다.

어린아이들과 함께하는 소소한 일상을 자세히 들여다보면 교훈이 있다. 그 것을 깨달으며 엄마도 아이들과 함께 성장해 간다. 양육한다는 것은 단순히 아이들을 기르는 것만이 아니고, 더불어 엄마에게 성장과 행복한 감정을 선물로 주는 것이다.

세 아이 모두가 엄마의 도움의 손길이 필요할 때가 있다. 동시에 엄마를 찾는 날이면 나는 무척 난감했다. 나는 우왕좌왕하며 행동이 급해진다. 5살, 3살, 1살 아이들이 서로 싸우기라도 하면 화가 폭발하기도 했다. 그래서 싸우는 소리에 예민해졌다. 나의 감정 상태에 따라 반응이 뒤죽박죽이 되어 나타났다.

참다 참다 내가 견디기 힘들면 나도 모르게 눈물이 나왔다. 육아가 힘들다는 감정보다 내가 처한 현실에 대한 부정적인 감정이 엄습해올 때 특히 그랬다. 긍정적인 생각은 온데간데없이 사라진다. 그러면 불평불만이 터져 나왔다. 다른 시어머니는 손자 손녀들을 봐주는데 나의 시어머니는 왜 봐주지 않는지, 딸 생각하는 친정엄마라면 당연히 나에게 손을 내밀어야지, 남편은 일찍 나가고 늦게 퇴근하고…. 내 주변에 아무도 없는 느낌이 들 때면 뒤돌아서서 눈물을 훔쳤다. 부모님이 편찮으시면 모른 체하고 벌 받을 생각도 했다.

오기로 비티기도 했다. 나 혼자서 육아를 감낭하는 것이 결코 쉽지는 않았다. 종종 울고 나면 속이 후련해서 마음이 한결 가벼워졌다. 눈물이 약이었다. 비워 내면 어머니에게 받은 긍정의 힘이 나를 살린다.

해맑게 웃는 나의 아이들의 미소로 그렇게 행복할 수가 없었다. 나는 가볍게 툭툭 털고 다시 일어난다. 아이가 많으면 힘든 일이 더 많다고 생각하는 것만큼 기쁘고 행복한 일도 더 많다.

사람들은 세 아이를 키우는 나에게 대단하다는 말을 많이 한다. 이 말의 의미는 경제적 상황도 있을 것이고 양육의 어려움, 나의 온전한 희생이라는 의미도 있다. 나는 깊게 받아들이지 않았다. 그냥 그런가 보다 하고 넘겼다. 내가 양육을 힘들다고 느끼지 않으면 되고, 세 아이들과 행복하고 즐거우면 그만이다. 오히려 주변에서 보내는 안타깝고 애처로운 시선이 싫었다. 그랬던 내가 어린 세 아이를 키우고 있는 엄마를 보면 안타까운 시선을 보내고 있다. 한참 엄마 손이 많이 가는 시기에 공감되는 부분들이 스치기 때문이다.

나는 세 아이가 나에게 축복이라고 생각한다. 무엇보다 삶의 원동력이 되어준다. 세 명의 아이가 성장했던 과정을 기억하면 기특하기만 하다. 아이들은 내 삶의 추억에 주인공이 되어주었고 그 속에 조연으로 함께 사는 순간순간이 감사하다.

아이들이 교육의 대상이며 돌보아야 하는 존재라는 관점에서 탈피해보자. 나만의 틀에 맞추기보다는 아이 자체를 보려고 하면 받아들이는 마음이 변화한다. 나의 긍정적인 변화가 아이들에게 그대로 전달되어 아이들에게 좋

세 아이를 키우는 워킹맘의 행복한 육아 이야기

은 영향을 주고, 선순환이 되어 좋은 기운으로 다시 나에게로 아이에게로 돌고 돈다. 양육은 넘어야 할 산이 아니라 아이들과 함께 나아가는 축복인 이유다.

나는 세 아이 모두 모유 수유로 키웠다. 길게는 돌까지 짧게는 6개월까지 모유 수유를 했다. 2008년 5월 2일 첫 출산 이후 마지막 모유 수유 종료 시점인 2013년 3월까지 5년 동안 나의 젖가슴은 아이들 생명의 젖줄이자 안식처, 애착도구였다.

모유 수유는 여러 가지 장점이 있지만, 소화 시간이 짧아 자주 먹여야 하는 불편함도 있다. 첫아이 때는 잠자다 일어나 앉아서 먹였는데 차츰 요령이 생기게 되었다. 누워서 수유하는 방법을 터득하니 생존 본능으로 아이가 냄새로 엄마를 찾아온다. 그렇다 보니 나는 항상 선잠을 잘 수밖에 없었다. 수유를 하면서 잠자는 모습은 처참하기까지 했다. 나도 여자로 보이고 싶었으나 현실은 그냥 애 엄마였다. 아침 일찍 출근하는 남편이 이불을 덮어주거나 옷을 내려주고 출근하는 일이 다반사였다.

나는 세 아이와 함께 살을 비비고 젖 냄새 풍기며 우리만의 애착을 형성했다. 아이들은 초등학교 입학해서도 엄마의 젖가슴을 세상의 안식처로 여겼다. 내가 퇴근하면 아이들은 엄마 가슴에 안기며 엄마만의 냄새를 맡고 기분 좋아하였다. 내가 어머니의 냄새를 그리워하듯 나의 아이들도 훗날 엄마의 냄새를 기억해서 꺼내 쓸 수 있기를 소원해본다.

둘째 대호는 6개월까지만 모유 수유를 했다. 누나, 동생의 10개월 이상에 비하면 짧은 기간이다. 평소에 위의 누나에게 치이고 동생에게 밀려서 엄마와 애착을 밀접하게 하지 못했다. 엄마에게 달려드는 누나와 동생을 멀리에서 쳐다보는 경우가 많았다. 나는 대호에게 엄마 냄새가 아닌 눈맞춤으로 애착 관계를 형성했다. 눈길을 더 많이 주고 대호가 말할 때 눈을 주시하려고 노력했다. 서로 통하고 있다는 메시지를 계속 보내면서 말이다. 이렇게 해도 젖먹이 시절의 애착만큼 채우기 쉽지 않아 많이 아쉽게 느껴졌다.

우리는 착한 엄마, 좋은 엄마가 되기 위해 자신을 희생한다. 그래서 착한 엄마가 악한 엄마가 되기 쉽다. 좋은 엄마를 위한 양육은 결국 참다 못해 폭발하거나 우울증이나 공황장애를 앓게 된다. 영혼이 망가진다.

아이를 양육한다는 것은 다른 사람들에게 잘 보이기 위함이 아니다. 착한 엄마, 좋은 엄마보다 지혜로운 엄마가 되어야 한다. 아이 양육을 힘들고 희생하는 것으로 생각하지 말았으면 한다. 생각만 바꾸어도 아이들을 양육하는 관점이 행복이라는 것을 알게 된다. 양육하는 것이 죽을 것처럼 힘들어도 지나고 나면 내가 견딜 만한 것이라는 것을 깨닫게 된다.

내 아이는 도대체
어디서 왔을까?

"누구를 닮아서 말을 안 듣니?"

"누구를 닮아서 그렇게 한심하니?"

아이들에게 수없이 뱉은 말이자 가슴에 품고 있는 의문이기도 하다. '마음을 닫는 아이'는 이렇게 만들어진다. 부모는 안달복달 아이를 몰아세워 모멸감을 준다. 아이의 성질머리를 나쁘게 만드는 주범이 되고 만다.

내가 어린 시절에 우리 집에 외할머니께서 오시면 항상 하시는 말씀이 있다.

"네가 첫째니까 엄마 아빠 말씀 잘 들어라. 동생들도 잘 돌봐야 해."

나는 수동적인 아이가 되어야 착한 아이라고 칭찬을 받았다. 부모님, 선생님 말씀을 어기면 나쁜 아이, 말 안 듣는 아이로 낙인된다. 나는 꾸중 듣는 것을 싫어했다. 매질을 당한 적은 없지만, 회초리에 대한 공포심이 더 컸다. 수동적이고 다른 사람 말을 거절하지 못하는 소위 착하다고 하는 아이로 자랐다.

2020년 어느 여름 토요일, 나는 휴일을 만끽하며 쉬고 있었다.

"우당 탕! 탕! 탕!"

집안에 묵직한 울림과 함께 큰 소리가 났다. 누가 들어도 무슨 일이 났다는 것을 느낄 수 있는 소리다. 안방에서 두 사내 녀석이 헐레벌떡 뛰쳐나오고 있었다. 누나는 비명소리만 들릴 뿐 모습이 보이지 않았다. 안방에 있는 장롱이 앞으로 45° 기울어져 있는 것이었다.

세 아이가 장롱문에 매달리는 놀이를 하면서 사건은 시작되었다. 장롱문에 누가 오래 매달려 있을지 시합하자고 누나가 제안했고 나머지 사내 녀석이 경쟁심리가 발동하여 합심하게 된 것이다. 13살, 11살, 9살 모두가 초등학생이다. 세 아이가 동시에 장롱문에 매달리자 힘이 앞으로 작용했고, 문이 열리면서 장롱이 앞으로 쓰러졌다. 다행히 열린 문 모서리가 바닥을 지탱했고 천장에는 장롱 뒤쪽 모서리가 걸려 있었다. 앞으로 쏟아져 내린 이불 더미에 큰아이가 깔려 있었다.

나도 모르게 비명을 질렀고 눈물이 터져 나왔다. 장롱이 앞으로 완전히 쓰러졌다면 생각하고 싶지도 않은 끔찍한 사건이 발생했을 것이다. 제일 먼저 생각나는 남편에게 전화해서 울고불고 난리를 쳤다. 아이만 겨우 빼내고 나는 손도 못 댔다. 남편이 도착해서야 사건을 수습할 수 있었다.

나는 이 사건을 애꿎은 남편 탓으로 돌렸다. 순 억지다. 도대체 아이들이 왜 그러냐며 남편의 어린 시절을 꼬치꼬치 캐물으며 화풀이를 했다. 남편에게 한바탕 쏟아내니 속이 좀 후련해졌다. 아이들이 가지고 있는 강한 승부욕이 나로부터 시작되었다는 것을 깨닫는 순간이었다.

대전으로 이사 오기 전, 8살까지 금산 산골짜기에서 원시인처럼 지냈다. '충청남도 금산군 복수면 백암리'는 시면이 산이었고, 그곳에는 20~30가구가 모여 살았다. 나의 놀이터는 산과 들이었다. 계절마다 지천에 열려 있는 열매와 농작물이 간식이었고 설탕을 넣은 막걸리를 음료수로 마셨다. 명절이나 제삿날이 되어야 사탕을 먹을 수 있었다. 몸이 아프기라도 하면 할머니의 민

간요법으로 해결하곤 했다.

나는 아침밥 먹고 나가면 친구들과 놀다가 저녁 때가 되어서야 집에 들어왔다. 동네에는 '경주 최씨' 집안이 90% 이상으로, 어느 집에 놀러가도 친척이었다. 또래 친구, 언니, 오빠들도 다 먼 친척이자 친구였다. 유치원 근처도 못 가는 산골짜기, 오지 지천이 놀이터였다.

8살이 되어 학교에 가게 되었는데 아침 일찍 회관에 모였다. 언니 오빠들과 산을 넘고 냇물을 건너야 학교에 도착할 수 있었다. 장마철 비가 많이 내리면 다리가 떠내려가 학교에 가지 못하는 날도 있었다. 눈이 많이 내리면 비료 포대를 들고 등교하기도 했다. 학교를 마치면 언니 오빠들과 같이 오기 위해 기다렸다 함께 집에 왔다.

나는 초등학교 1학년을 금산에서 보내고 초등학교 2학년 때 대전으로 전학을 왔다. 나는 새로운 친구들과 친해지기 위해 놀이에 적극적으로 참여했다. 놀이에서 지지 않기 위해 부단히 연습하고 노력했다. 나의 승부욕이 수면으로 드러나기 시작한 것이다. 고무줄 놀이, 달리기, 그네 높이 타기, 비석 치기, 땅따먹기, 말뚝 박기, 씨름 등등 할 수 있는 놀이는 앞장서서 했다. 나는 승리할 때까지 하는 근성을 놀이에서 배웠다. 내가 5학년 때 오래달리기 학교대표 선수로 활동할 수 있었던 저력은 놀이에서 시작되었던 것이다.

나는 아이들이 한시도 가만히 있지 못하고 돌아다니는 것을 보면 산만하다고 생각했다. 원인을 남편 유전자 탓이라고 단정했다. 나의 놀이 습성도 DNA에 그대로 전달되었을 텐데 말이다. 산으로 들로 자유롭게 다녔던 나의 DNA가 아파트라는 좁은 공간에 있으니 얼마나 답답할지 이해가 된다.

나는 층간소음도 줄일 겸, 집중력이 필요한 놀이로 대처했다. 숨은 그림 찾기, 색칠 놀이, 미로 찾기, 가위질 놀이 등 집중력과 관찰력이 좋아지는 놀이를 통해 산만한 성격을 보완하려 했다.

사내아이들은 특히나 산만한 행동으로 인해 주위에서 많은 부정적인 이야기를 듣게 된다. 그러면 아이는 상처를 받는다. 이런 상황이 반복되고 지속되면 산만한 아이는 신경질을 내는 아이로 변한다. 남들이 부정적인 반응을 보이더라도 부모는 아이에게 격려와 칭찬을 많이 해주자. 부모의 지지로 아이는 변화하는 모습을 보일 것이다. 아이는 자신이 신뢰받고 있음을 느끼게 되면 긍정적인 방향으로 나아가게 된다.

나의 어린 시절을 이해하고 인정해야 나의 아이들도 긍정의 시각으로 보게 된다. 아이는 하늘에서 그냥 뚝 떨어진 것이 아니다. 나와 남편의 유전자를 가지고 태어났다. 나를 돌아보게 하는 아이는 나의 선생님이다. 아이들은 나를 성장시켜주는 스승과도 같다. 그만큼 존귀한 존재이다.

엄마는 아들을 키우기가 쉽지 않다고들 한다. 성별이 다르므로 딸과 비교해 이해 정도가 떨어지기 때문에 생겨난 말이다. 대부분의 남자 아이는 이기적이고 자기중심적인 성향이 강한 면이 있다. 집안에서 지나치게 떠받들면서 아이 중심으로 돌아가게 만들면 자기중심적인 성향은 더 강해진다. 엄마는 아이의 이기심이 도를 넘는다는 판단이 서면 적절한 제어에 나설 필요가 있다. 사회적 고립이라는 위협으로부터 건져내는 선행적 조치로, 아이를 위한 일에 적극적으로 대처해야 한다.

'남들과 나누는 즐거움'을 가르쳐보자. 아이가 먹거리나 장난감 등을 나누는 경험을 하게 되면 아이는 주는 일이 기쁨이자 성취라고 느끼게 될 것이다. 지역 맘카페에 무료 기증하는 것도 좋은 방법이다. 경쟁 속에서 살아가야 하는 아이에게 나눔의 기쁨은 만족감을 준다. 일상의 기쁨과 행복이 어떤 것인지 실감하면서 살아갈 수 있도록 해주는 것이 부모가 해야 할 여러 역할 중 하나가 되지 않을까 싶다.

내가 가지고 있는 선한 유전자를 부각해서 찾아보자. 결코, 나의 아이는 타인을 배려하지 못하거나 이해를 하지 못하는 아이가 아니라 나를 똑 닮은 사랑스러운 아이로 보일 것이다.

아이의 행복은
엄마에 의해 결정된다

워킹맘들의 행복 지수는 얼마나 될까? 전업맘은 워킹맘보다 더 행복할까? 나는 워킹맘에서 전업맘이 된다면 아이들을 정말 잘 키울 수 있을 것 같았다. 코로나19가 계기가 되어 나는 야심차게 육아휴직을 하고 전업맘으로 복귀했다. 뭣도 모르고 어디서 생겨난 자신감인지, 잘할 자신만 있었다. 일을 벗어 던지고 정말 행복으로 충만한 삶을 살 수 있을 것 같았다.

많은 엄마들이 버티다가 아이가 초등학교에 가게 되면 직장을 관두는 선택을 한다. 워킹맘의 퇴직률이 가장 높은 시기는 영아기도, 유아기도 아닌 자녀가 초등학교 입학하는 시점이다. 아이를 위해 그렇게 하는 것이 가장 좋은 해결방법이라고 생각하기 때문이다. 엄마의 역할을 제대로 해주지 못해서 뒤

처지진 않을지, 친구와 잘 어울리지 못할지, 염려하고 불안해하며 사표를 쓴다.

전업맘으로서의 삶을 선택해 육아와 집안일을 척척 해내는 엄마들이 행복하다면 그것이 맞다. 하지만 자신의 직업을 사랑하거나 꿈을 이루고 싶은 사람이라면 퇴직하지 않는 것이 옳다. 물론 직장을 다니면서 육아를 겸하는 것이 쉬운 일은 아니다. 하지만 엄마는 위대하다. 아이를 키울 때 못할 것 같았던 일도 지나고 나면 다 해내고 있다. 신기하게도 능력이 나온다. 자신의 엄마라는 능력을 믿어도 좋다.

우리는 엄마가 행복해야 아이가 행복하다는 사실을 너무 잘 알고 있다. 정보가 난무하는 시대에 엄마들이 아는 지식도 많아 똑똑해졌다. 머리로는 이해하고 인정하는데 과연 현실에서 행복하다고 느끼는 엄마는 얼마나 될까? 불평불만은 쉽게 털어놓아도 행복한 감정은 쉽사리 드러나지 않는다.

내가 불혹이라는 나이를 직면했을 때 행복이라는 감정은 메말라 있었다. 가정의 경제적 도움이 되고자 삶과 싸우고 있는 나의 모습을 보았다. 열심히 살고 있는데도 불구하고 희망이라는 것이 보이지 않았다. 이루어놓은 것이 아무것도 없는 것만 같았다. 힘이 들어도 희망이 있으면 그 어떤 어려움도 이겨낼 수 있는 저력이 나온다. 하지만 나는 희망 없이 나락으로 떨어지는 느낌이었다. 나는 불행 속에서 허우적거리고 있었다.

나는 하루하루가 우울했다. 가만히 있으면 눈물이 주룩 흐르기도 했다. 심지어 자살로 없어지고 싶은 생각까지 들었다. 병원에 갔다면 우울증 진단을 받았을 테지만 약에 의지하고 싶은 마음이 없었다. 내 인생의 최대 난관에 봉착한 느낌이었다. 희망, 희망, 희망이 보이지 않았다. 눈에 넣어도 안 아플 토끼 같은 나의 세 아이조차 예쁘고 사랑스러운 모습이 아니었다.

우리 부모님처럼 먹고살기 바빠서 쫓기는 삶은 원치 않았는데 나와 남편은 쫓기듯이 살아가고 있었다. 부부가 함께 사는 의미를 찾을 수가 없었다. 부부간의 소통 부재로 나는 많이 외로워했다. 각자 열심히만 살면 되는 줄 알았다. 남편도 외로웠겠지만 나는 이미 남편이 미워진 상태였다.

아이들 때문에 살아야만 했다. 마음에 부정이 가득해지고 지나온 삶에 후회만 가득했다. 그러니 남편도 내 편이 아니라 남의 편이라는 생각이 들었다. 갈라서면 '님'이 '남'이 되는 것은 한순간이라는 것을 백번 공감했다.

나는 아이들 앞에서 부부 싸움을 하는 모습은 보이지 말아야지 다짐해왔는데, 10년간 지켜온 다짐이 보기 좋게 깨지고 말았다. 이렇게 살다가는 정말 죽을 것 같아서 두렵기까지 했다. 나는 죽기보다 죽기 살기로 살아보자고 나와 약속했다. 아이들의 맑고 초롱초롱한 눈빛을 외면하기는 어려웠다. 많은 다툼으로 암울의 터널 끝에서 남편이 나를 적극적으로 도와 한 고비를 넘기게 되었다. 가족은 나를 힘들게도 했으며 반대로 어려운 순간에 나를 극적으로 살려주기도 했다.

이후 나는 내 삶에 책이라는 친구를 데려왔다. 아이들에게 책만 읽어주었지 나의 정신 보양식은 굶고 있었다는 것을 깨달았다. 책은 나를 긍정의 세계로 안내해주는 둘도 없는 고마운 친구이다. 책은 꺼져 있는 나의 삶에 꿈도 심어주었다. 꿈이 희망이 되었고 희망은 매일매일 나를 행복하게 해주었다. 행복한 감정은 나를 긍정의 상태로 되돌려주었다.

나는 감사함을 찾아보았다. 주변의 사소한 모든 것에 감사하기로 했다. 아이들이 건강하게 자라주는 것, 남편이 내 편이 되어준 것, 일할 수 있는 직장이 있다는 것, 나의 마음을 나눌 동료가 있다는 것, 부모님이 건강하게 살아계신 것 등 감사한 일은 무궁무진했다. 이정도 만으로도 살아야 하는 이유는 충분하지 않은가?

나의 세 아이는 부부 싸움으로 인해 눈치가 발달했다. 나의 어릴 적 모습을 보는 듯했다. 나와 남편이 큰 소리가 날 것 같으면 미리 차단했다. 나의 어린 시절에 내가 부모님께 갖고 있었던 마음을 아이들도 느끼고 있었던 것이었다. 아이들 마음에 안정을 주기까지 긴 시간이 필요했다. 어쩌면 영원히 낫지 않는 상처일지도 모른다는 생각에 정말 미안한 생각이 들었다.

엄마가 툭하면 눈물 흘리고 행복한 감정을 갖지 못하는데 아이들의 삶은 행복할까? 아이들에게 엄마는 거울과도 같다. 엄마가 웃으면 함께 웃고 슬프면 덩달아 슬퍼지고 이렇듯 감정도 전염된다. 옛 어른들의 '끼리끼리 논다'라는 말의 진리를 깨닫게 된다. 친구들도 끼리끼리 만나지 않던가.

2020년 내가 좋아하는 트로트가 인기를 끌었다. 코로나19로 가라앉은 분위기는 〈미스터트롯〉이 밝게 전환시켜주었다. 나는 이찬원의 맛깔스럽게 부르는 노래가 좋아서 결승까지 응원하는 팬이 되었다. 나의 어머니가 좋아하는 현철 노래를 잘하기 때문이다.

어릴 때 귀에 딱지가 앉도록 들었던 현철 노래는 나를 행복하게 하기에 충분했다. 30년 전의 내가 소환된 것이다. 어머니는 낡은 카세트에 현철의 노래를 항상 들으셨다. 현철 노래에 맞춰 추임새까지 넣으시며 행복해하시는 모습을 보며 자랐다. 아직도 흥겹게 노래 부르시는 어머니의 모습이 선하다. 트로트를 들으면 내가 어린 시절로 돌아간 것 같았다.

나는 아이들이 퇴근 후 또는 휴일에 씽크대 앞에서 트로트를 부르며 막춤을 자주 춘다. 그 춤에 예술적 가치는 없지만, 감정의 가치는 충분하게 표출된다. 나의 모습을 보는 아이들은 신기한 듯 쳐다보지만 이내 댄스에 합류한다. 짧은 시간이지만 음식을 준비하는 시간을 행복으로 채우는 나만의 방법이다. 나는 어머니의 행복한 모습을 그대로 표현하고 있는 나를 발견하게 된다.

행복이란 우리 내면에서 나오는 태도를 말한다. 행복은 우리가 이루거나 얻은 것, 또는 다른 사람들에게서 오리라는 기대가 아니다. 우리가 맡은 육아와 일이 가져다줄 수 있는 내면의 믿음이다. '믿는 대로 이루어진다.'라는 말이 있다. 외부 환경으로 내면의 행복이 무너지기엔 억울하다. 행복으로 가는 길이 따로 있는 것이 아니다. 나의 길이 행복이다.

'나는 행복하다. 나는 만족스럽다.'라고 내면의 주문을 되풀이해서 걸어보자. 행복은 이미 우리의 마음 안에 있다. 매일 긍정으로 빛나는 엄마가 되도록 노력하자. 나의 자녀가 행복하길 원한다면 내가 행복해지는 것을 멈추지 말아야 한다.

세 아이를 키우는 워킹맘의 행복한 육아 이야기

아이에게 '안돼' 대신
'하자'라고 말하라

세 아이와 아파트에 산다는 것은 여러모로 민폐라는 생각이 든다. 1층이 아니고서야 아무리 조심해도 아랫집에 피해를 주게 된다. 엘리베이터에서 아래층 어른들을 만나면 죄인이 되어 죄송하다는 말씀만 연거푸 드리게 된다. 워낙에 활동력이 왕성한 시기에는 핸드폰을 손에 쥐어주어도 잠시뿐, 이리저리 돌아다니는 것만으로 바닥의 울림이 있을 수 있다.

"뛰지 마! 뛰지 말랬지!"

이미 행동한 다음에나 할 수 있는 말이다. 살금살금 걷기 위해서는 의식해야 가능한데 매번 의식하는 것은 아이들에게 쉽지 않은 일이다. 같은 말을 되풀이하는 것은 잔소리로 들린다. 그래서 아이들을 늘 감시하게 된다. 이웃집을 잘 만나는 것도 운이라고 했던가? 아랫집 어른은 분명 층간소음으로 스트레스를 받을 텐데 오히려 괜찮다며 미안해하지 말라고 하신다. 나는 운이 좋지만 반대로 아랫집에게 세 아이 키우는 윗집을 만난 것이 운이 좋은 일이라고는 할 수 없다. '뛰지 마'에서 '걷자'로 바꾸어 말하기 시작했다. 걸을 때도 힘 조절을 해야 울림이 없다. 필요할 때에는 '뒤꿈치'라고 말해준다.

내가 어린 시절에는 아파트에 살면 부자라는 소리를 들었다. 나는 아파트에 살아보지 않았다. 단독주택에 살았기 때문에 다행히도 행동 제약을 위한 부정적인 단어는 접하지 않았다. 부모님은 사랑이 많은 분이셨다. 긍정의 단어를 많이 들려주셨다. 못해도 괜찮다고 하셨고, 항상 예뻐하고 사랑해주셨다. 단, 다른 사람에게 피해를 주는 행동과 말을 하게 되면 따끔하게 혼내셨다.

나는 부모님처럼 세 아이가 피해를 주는 행동을 하기라도 하면 예민해졌다. 나쁜 행동은 당장 뜯어고쳐야 한다고 생각했고, 아이들이 욕이라도 하면 질리도록 잔소리를 했다. 과연 아이들은 행동이 변하고 욕을 하지 않게 될까?

그동안 많은 부모가 아이에게 부정적인 말을 해왔다. 그렇게 해서 아이에

세 아이를 키우는 워킹맘의 행복한 육아 이야기

게 변화가 있었다면 모르겠으나, 그렇지 않았다면 앞으로는 부정적인 말을 쓰지 말아야 한다. 부정적인 말에서 긍정적인 말로 바꾸어 말해야 한다. 예로 아이가 실수했다고 가정해보자.

"그러니까 엄마가 뭐라고 했어? 이렇게 하지 말라고 했지! 엄마 말 안 들어서 이게 뭐야?"

이 말은 부정적인 말이다. 이런 경우에 이렇게 바꿔보면 어떨까?

"엄마가 하라는 대로 해보지 그랬어. 그럼 실수하지 않았을 텐데. 오늘 좋은 경험을 했으니까 다음에는 엄마 말대로 해보자."

처음에는 오글거릴 수 있으나 티끌 모아 태산이라고 했다. 긍정적인 말버릇이 익숙해져 어색함을 느끼지 않고 자연스럽게 말할 수 있을 때까지 실천하는 노력도 우리의 할 일이다.

긍정적인 말은 긍정적인 생각으로부터 시작된다. 부정적인 사고를 많이 하는 사람들이 하루아침에 긍정적인 사고를 지닌 사람으로 변하기는 쉽지 않다. 주변에 부정적인 말을 많이 하는 사람들을 잘 관찰해보면 계속 부정의 단어만 사용하는 것을 알 수 있다. 그런 사람들 옆에 있으면 나도 같은 말을 하게 된다. 오히려 긍정의 단어를 사용하게 되면 어색하다. 남편, 시댁 흉보는 말, 아이의 부족한 점만 들추는 말, 나는 하지 못한다는 말, 힘들다는 말 등 부정의 생각과 말이 자연스럽게 나온다면 당장 바꿔야 한다. 사람은 이끌어 가는 사람과 이끌려 가는 사람으로 갈라지게 마련이다. 긍정은 긍정끼리 부정은 부정끼리.

나의 긍정적인 변화는 고스란히 아이들에게로 흘러간다. 반대로 부정적인 영향도 그대로 전달된다. 이는 반드시 긍정의 생각으로 삶에 평안을 얻어야 하는 이유가 된다. 나는 우울하거나 부정적인 생각이 들면 명언이 담긴 책을 찾아본다. 인터넷의 감동적인 이야기도 찾아서 읽다 보면 어느새 마음이 훈훈해진다.

마음의 편안함을 유지하는 것도 부모의 의무라 할 수 있겠다. 나의 아이가 뒤처지지 않을까 하는 조급함은 부정적인 사람으로 변하게 하는 요인이다. 조급함은 아이를 망치게 한다. 설령 아이에게 많은 것을 해주지 못하더라도, 워킹맘이라서 함께 하는 시간이 적을지라도 조급해하지 말고 아이의 가능성을 믿어주자. 아이는 부모의 믿음과 사랑을 먹고 자라는 소중한 존재라는 사실을 기억해야만 한다.

나는 일에 쫓기고 육아를 숙제 삼아 바쁜 삶을 살았다. 내가 좋아하는 책은 멀리한 채 아이들에게 책 읽어주는 데 집중했다. 이렇게 10여 년을 보내고 보니 내 마음에 알맹이가 없는 느낌이 들었다. 열심히 살아온 내 인생이 허무하게 느껴지기도 했다. 무엇 때문에 숙제하듯이 아등바등 살아야 하는지 의문이 들었다. 그러던 와중에 아이들 책 틈에 끼어 있는 먼지 쌓인 내 책들이 눈에 들어왔다. '나도 한때는 손에서 책을 놓지 않았는데…' 어쩌다 책이 멀어졌는지 자신에게 미안했다. 이때 다시 책을 읽기 시작한 것이 내가 다시 책을 사랑하는 계기가 되었다.

책을 읽으면 좋은 점이 너무 많다. 비판 부정보다 긍정적인 영향을 받을 수 있는 것이 가장 큰 장점이다. 하지만 주변을 둘러보면 책을 꾸준히 읽는 사람은 찾아보기 힘들다. 특히 아이 키우는 엄마들이 책을 보기 위해서는 '의식이 깨어 있는 자'여야 한다. '심심한데 책이나 읽어야지.' 한다면 결코 시간이 나지 않는다. 바쁜 와중에 책을 놓지 않는 엄마도 있다. 시간이 없는 이유는 얼마든지 찾을 수 있다. 그런 이유로 책을 읽지 않아도 괜찮다는 생각을 해서는 안 된다. 아이와 함께 후퇴하는 삶으로 전락하고 만다.

나는 아이를 키우는 엄마라면 항상 책을 봐야 한다고 생각한다. 양질의 책은 나에게 긍정적인 생각을 지니게 해주고 일상으로 지친 고단한 삶에 위로를 준다. 투명하고 맑은 물에 잉크 한 방울을 떨어트려보자. 금방 물이 오염된다. 우리의 생각도 같은 원리다.

현재 긍정의 생각이 70% 이상인 사람일지라도 30%의 부정적인 생각이 언제든지 긍정의 생각을 잠식할 수 있다. 긍정의 생각을 유지하기 위해서라도 책을 읽고 자기계발을 멈추지 말아야 하는 이유다.

내가 책을 읽고 반성하고 변화하려고 노력하는 사이 긍정의 언어 사용량이 늘었다. 아이들이 긍정의 언어를 따라 하는 모습을 보면서 나를 객관적으로 보게 되었다. '하자'라는 의미는 동기부여가 되어 마음을 움직이게 하는 마법과 같다. "청소해라. 씻어라. 게임 좀 이제 그만해라."와 같이 '~해라'는 마음이 동하지 않는다. 하지만 "청소하자. 씻자. 게임 그만하자."라고 하면, 조금 바꿨을 뿐인데도 아이들의 마음이 열리게 된다.

첫째 리원이가 동생들에게 "애들아 ~하자."라고 하는 것을 이번 방학 때 많이 보았다. 엄마의 노력은 배신하지 않는다는 것을 느끼게 되었다. 그동안의 화내기, 고함지르기, 삿대질하기는 고민 없이 버리자. 그렇지 않으면 양심이라는 녀석이 나를 괴롭히게 된다. 훗날 아이를 망쳤다는 죄책감에 시달리지 않으려면 내가 먼저 변해야 한다.

긍정적인 양육 마인드를 가지고 아이의 장점만 보는 습관을 들인다면 단점은 저절로 사라진다. 실수투성이인 아이들은 단점이 두드러지기 마련이다. 현재만 보고 핀잔을 주게 되는 것이다. 이제는 의식을 바꿔야 할 때이다. '안

돼'와 같은 부정적인 말을 삼가고 '하자'와 같이 긍정적 의식을 갖자. 나아가 "넌 할 수 있어. 넌 반드시 훌륭한 사람이 될 거야." 등 긍정적인 메시지를 끊임없이 전달해보자. 아이와의 전쟁 같은 삶이 즐기는 삶, 행복한 삶으로 서서히 변모하게 될 것이다.

06

엄마,
언제 퇴근해요?

"여보세요. 서호니?"

"엄마, 언제 퇴근해?"

퇴근 무렵이면 어김없이 퇴근 시간을 묻는 전화가 온다. 9시 출근 6시 퇴근이지만 정시 퇴근은 말처럼 쉽지 않다. 내가 근무하는 곳도 정시에 퇴근하는 사람이 전무하다. 아이 키우는 엄마라고 조직 생활에서 예외는 없다. 내 업무가 줄면 다른 누군가에게는 업무가 가중되기 때문에 더 챙겨서 해야 했다.

내가 일하는 '충남서부아동보호전문기관'은 초과 근무시간 제한을 두면서 퇴근 시간 보장을 받을 수 있었다. 그전까지는 정시퇴근하기 위해서는 약간의 눈치를 봐야 했다. 아무도 뭐라 하는 사람이 없는데 말이다.

우리 집에서 직장까지의 거리는 자전거로 10분 안쪽이면 충분히 도착한다. 나의 출·퇴근 수단은 추운 겨울을 제외하고 자전거다. 나의 퇴근 시간 무렵이면 아이들이 자전거를 타고 회사 앞까지 온다. 엄마를 기다렸다가 함께 퇴근하는 것이다. 아이들과 함께 자전거를 타며 집으로 돌아가는 시간은 또 다른 행복으로 휘파람이 절로 나온다.

이마저도 내가 정시 퇴근을 할 수 있을 때만 느낄 수 있다. 남은 업무가 있거나 중요 업무 기간에는 정시퇴근하기가 어렵다. 이런 사정을 아이들은 알 리가 없다. 엄마를 마냥 기다리는 것이다. 집에 가라고 해도 끝까지 기다리겠다는 아이들, 남편이 퇴근해서 데리고 가면 그제 서야 나는 마음 편하게 일을 한다.

남편은 이직 후 다행히 야근이 많지 않아 7시 20분 전후에 퇴근한다. 아이들 알림장을 점검하고 쓰레기 분리수거 등을 전담으로 한다. 내가 늦을 때는 저녁 식사까지 챙겨 주는 자상한 아빠이자 남편이다. 내가 차린 저녁상보다 남편이 챙겨 주는 저녁을 아이들은 더 맛있어한다. 음식 솜씨도 훌륭하다. 진작부터 함께했으면 얼마나 좋았을까 싶은 아쉬움이 있다.

사실 남편이 적극적으로 양육에 참여하기 시작 한지는 불과 3년 남짓뿐이 안되었다. 내가 불혹이라는 나이를 지나니 세월 앞에 장사 없다는 말이 딱 내 말이었다. 예전에는 세 아이 모두 거뜬하게 자연분만, 모유 수유를 했어도 약간 피곤할 뿐 체력적으로 처지지는 않았다. 게다가 무거운 책을 양손 가득 들고 다녔음에도 퇴근 후 아이들 책은 읽어줄 만큼의 에너지는 항상 있었다. 그러나 결혼 생활 10여 년이 내 체력의 한계점이었다.

엄마 퇴근 시간만 기다리는 아이들이 나에게 의미하는 바가 무엇일지 생각해보았다. 나의 추측으로 잘못된 판단을 하면 아이들의 욕구와 멀어질 수도 있다. 때문에 나는 아이들에게 단도직입적으로 물어보기로 했다. 이유인즉 그냥 '엄마가 좋아서'가 끝이다. 나는 '아이들이 엄마를 못 믿어서' 또는 '불안해서'라고 할 줄 알았는데, 그냥 좋단다. 이것은 무엇을 의미할까? 누군가를 사랑할 땐 사랑하는 이유가 없다. 그냥 그 사람의 모든 것이 다 좋아서 사랑하는 것이다. 조건 없는 사랑인 것이다. 나보다 더 나를 사랑해주는 아이들이었다.

"아하!"

엄마 자체만으로 아이들의 안식처가 되고 사랑을 느끼는 것이었다. 아이들과 온종일 같이 있어주면 얼마나 좋을까? '엄마 찾아 삼만리'가 아니라 '엄마 사랑 찾아 사무실' 행이다. 아이들의 엄마 사랑 놀이는 애잔해서 마음을 아프게 했다.

둘째 대호와 막내 서호는 운 좋게도 국공립 유치원에 다니게 되었다. 사립 유치원과 다르게 저녁 늦게까지 남아 있는 아이들은 많지 않았다. 아이들 하원 시간에 누나가 마중해주면 참 좋겠다고 생각했는데 시간이 맞지 않았다. 아이들을 받아줄 사람이 필요했다.

나는 지역내 '아이 돌봄' 서비스를 신청하여 돌봄 선생님께 두 녀석을 부탁했다. 유치원 하원부터 내가 퇴근할 때까지 집에서 안전하게 돌봐주는 프로그램이다. 이마저 없었다면 이곳저곳 부탁할 곳을 찾아 전전긍긍했을 터인데 우리 가족에게 정말 유익한 서비스다.

하루는 퇴근해서 아이들을 반갑게 부르며 들어섰다. 기다리고 기다리던 엄마를 본 아이들이 흥분해서 기분이 '업' 되는 것을 느꼈다. 그런데 꼭 이럴 때 사고 난다고, 막내 서호가 안방에서 뛰쳐나오다가 그만 문틀 모서리에 머리를 박은 것이었다. 머리가 터지면서 피가 줄줄 흘러내렸다. 나는 당황하였지만 신속하게 아이를 차에 태워 지역의료원 응급실로 향했다.

의료원에 도착하기까지 아파하는 아이에게 내가 해줄 수 있는 것이 아무

것도 없었다. '엄마가 집에 있었더라면 이런 일이 없었을 텐데…'라는 후회만 하게 되었다. 종일제 일하겠다고 일터로 나간 내 자신이 원망스러웠다. 병원에 가는 내내 하염없이 눈물만 흘렸다. 아이를 먼저 안심시켜야 한다는 생각도 할 겨를 없이 내 처지를 비관하기만 했다.

의사는 아이의 찢어진 두피를 스테이플러로 고정하는 처치를 하기 시작했다. 총 4방을 박아 처치하는 모습은 당시 큰 충격이었다. 아이는 자지러지게 고통스러운 울음소리만 토해냈다. 그 당시 막내 서호의 나이는 4살이었다. 올해로 10살이 되었으니 벌써 6년 전 일이다. 이제는 엄마에게 책임지라며, 땜통에 검정색으로 문신이라도 해야 하지 않겠냐며 능청을 떠는 아들이 되었다.

아이에게 안전사고가 발생한 뒤로 나는 매우 두려워졌다. 워킹맘을 하겠다고 선택한 단단한 마음에 금이 가기 시작했다. 아이들을 잘 키울 수 있다는 믿음이 작아졌고, 어떻게 키우는 것이 잘 키우는 것인지 또다시 의문이 들었다. 나의 주변을 둘러보니 유독 나만 힘들게 살고 있는 것 같았다. 넓은 대지에 나 혼자 무거운 짐을 들고 있다고 느껴졌다. 나는 외로웠다. 워킹맘의 버거운 감정이 확 올라오는 것을 알 수 있었다. 부정적인 마음은 나의 단단한 마음을 금방 흔들어놓았다.

'그만둘까? 일해도 괜찮을까?'

지금 생각해보면 나는 당시 감정 기복이 심했다. 사소한 일, 사소한 말 한마디로 기분이 좋았다가 나빴다가, 감정이 널뛰듯 했다. 남편이 나를 몰라주는 것 같아 원망스러웠다. 나도 아이들처럼 사랑을 받고 싶었는지도 모른다.

이런 느낌이 지속되자 나는 다시 우울해졌다. 야속한 남편 탓을 하며 나를 돌보지 않았다. 누가 봐도 우울증, 조울증이었다. 그러나 직장에서는 어떤 누구도 나의 이런 감정을 알아차리지 못했다. 나는 일부러 밝은 척하기도 했다. 우울한 감정을 밝은 웃음 뒤로 가두었기 때문이다. 누구보다 밝은 사람이었다.

나는 사랑도 꾸준히 받아야 줄 수 있다는 것을 깨달았다. 그런데 '엄마 언제 퇴근해?'라는 아이의 물음은 단순 시간이 궁금해서 물어본 것이 아니었다. '사랑하는 엄마, 빨리 보고 싶어요. 엄마, 나랑 자전거 타고 놀아줘요. 맛있는 간식이 먹고 싶어요.' 등 사랑에 대한 욕구가 대부분이었다. 나는 내가 품었던 부정의 감정을 반성했다. 내가 사랑받는 존재라는 것을 몰랐을 뿐이었다.

나는 긍정의 마음을 채워 다시 일어서기로 했다. 아이들 눈동자에 비친 내

모습을 자세히 보면 충분히 일어설 수 있는 자신감이 생겨났다.

　나의 아이는 나랑 살기 위해 온 소중한 사람이다. 육아를 프로젝트로 생각하지 말고 생명을 키우는 일이라고 생각해보자. 내가 얼마나 대단한 사람인지 새삼 깨닫게 될 것이다.

07

아이의 감정을
소중하게 다뤄라

감정이란 어디에서 시작될까? 일반적으로 가슴에서 시작되어 뇌에서 생각하고 표현한다고 알고 있다. 감정은 우리가 알고 있는 것과 다르다. 감정은 뇌에서 먼저 시작된다. 우리의 뇌는 내·외부의 자극을 받아 감정반응을 보인다. 행복, 기쁨, 배고픔, 불편함, 창피함 등등 다양한 감정은 뇌에서 판단하는 것이다.

영아들은 말을 할 수는 없으나 생존을 위해서는 표현해야 한다. 표정과 소리가 소통 수단인 것이다. 양육자는 아이가 불편하지는 않을까 표정부터 소리까지 민감하게 반응하여 대처한다.

아이가 성장하여 말을 하는 순간 우리는 민감성이 점점 떨어진다. 말이면 다 될 거라고 착각한다. 엄마는 말 뒤에 숨은 뜻을 찾아야 하는 고난도의 듣기 기술이 필요하다. 아이 발달 단계에 맞추어 양육자의 감정 보살핌도 성장해야 한다. 현실은 그렇지 못한 경우가 다반사다. 양육자의 힘으로 아이의 감정을 무시하거나 억제하기 때문이다. 아이가 사춘기가 되면 감정변화를 격하게 표출한다. 이때 준비되어 있지 않으면 큰 싸움이 되어 상처만 주게 된다.

첫째 리원이가 3살 때 이야기다. 하루는 퇴근 후 아이에게 『성냥팔이 소녀』를 읽어 주었다. 책에는 성냥팔이 소녀의 모습이 사실적으로 표현되어 있었다. 크리스마스 이브에 눈길을 맨발로 다니며 성냥을 팔고 있는 모습, 창문으로 보이는 화목한 다른 가정의 모습, 가득 차려진 파티 음식 등 다양한 모습과 다양한 감정을 묘사하고 있었다. 그러나 마지막까지 성냥을 팔지 못한 소녀는 추운 나머지 남은 성냥에 불을 피운다. 소녀는 성냥 불빛에서 밝게 빛나는 할머니 모습을 보게 된다. 이야기는 소녀가 밝게 웃으며 따뜻한 할머니 품으로 돌아가는 장면으로 마무리되며 끝이 났다.

그런데, 책 읽기를 마무리할 때쯤 리원이가 눈물을 흘리고 있는 게 아닌가? 책을 읽어주면서 눈물을 흘린 일은 처음이라서 당황했다. 나는 리원이가 마음껏 눈물 흘릴 수 있도록 꼭 안아주었다. 이럴 때 말보다 안아주는 것이 최고의 공감이라는 것을 알게 되었다. 눈물이 멈춘 뒤 감정을 표현하도록 질문을 했다. 성냥팔이 소녀가 하늘에 있는 할머니에게 간 장면이 슬펐다고 했다. 따뜻한 할머니에게 가는 장면은 하늘나라로 가는 것이라는 것을 알고 있었던 것이다. '고작 3살 아이가 뭘 알겠어?'라고 생각한 나는 머리를 한 대 맞은 느낌이었다.

명작은 옛이야기를 통해 감정을 이끌어가는 힘이 있다. 아이에게 직접경험 만큼 좋은 것은 없지만 책을 통해 다양한 감정을 만나는 간접경험도 매우 효과적이다. 이후부터 나는 아이에게 책을 읽어줄 때 반응을 살피게 되었다.

올해 중학생이 되는 리원이는 사춘기에 접어들었다. 리원이는 하루에도 다양한 감정이 쏟아진다. 그 중 짜증, 화, 불평이 60%를 차지한다. 나도 사춘기를 겪었지만 공감해주기란 정말 어렵다. 그래도 엄마로서의 수양을 쌓는 시기라고 생각하고 받아들이니 한결 마음이 편안해진다. 다행히 독서, 음악 듣기, 춤추기, 피아노 치기로 인해 생기는 긍정의 감정이 나머지 40%를 차지하고 있어 감사하다.

코로나19로 육아휴직을 내고 24시간 내내 세 아이와 함께 생활하는 요즘, 스스로 감정조절이 필요하다는 것을 절실하게 느낀다. 부정적인 감정도 받아주어야 한다는 생각이 스트레스로 작용해 마음의 근육이 풀린다. 나는 아이의 감정을 부정적 감정으로 날카롭게 표현하는 나쁜 엄마로 변해가고 있었다. 이런 전업맘이라면 차라리 워킹맘이 훨씬 나을 것 같은 상황이 전개되고 있었다. 나는 뒤돌아서서 후회하고 반성하지만 그때뿐이었다. 아이들이 어릴 때는 감정에 반응하며 말랑말랑하게 만져주던 엄마였는데, 아이들 입장에서는 커가면서 배신감이 들 것 같다.

아이들 감정이 잘 자랄 수 있도록 튼튼한 영양분도 채워주고 응원도 하며 끌어주고 받쳐주어야 한다는 것을 잘 알고 있다. 나는 사춘기를 맞이한 리원이를 통해 다시 공부하고 성장해야 한다는 것을 절실히 느끼고 있다. 비우고 채워야 나의 아이들에게 전해줄 수 있기 때문이다.

나의 사춘기 시절 부모님의 삶이 생각났다. 아버지는 술만 취하지 않으면 자상하고 사랑스런 눈빛으로 우리 삼 남매를 봐주셨다. 우리 삼 남매가 아버지의 전부로 정말 소중하게 생각하셨다. 내가 그러하듯 아버지도 우리 삼 남매가 희망이자 삶의 에너지원이셨다. 내가 아버지 위치가 되고서야 아버지의 큰 사랑을 늦게 깨달았다.

나는 사춘기 시절에 유독 가정 환경, 부모님의 직업, 내가 입는 옷 등 겉으로 보이는 것들에 신경을 썼다. 다른 친구의 눈을 많이 의식했다. 나는 집에서는 짜증이란 짜증을 다 부려놓고 친구들을 만나면 정말 친절한 친구로 변했다. 이중인격자 생활을 한 내가 부끄러웠지만 감추고 싶은 가정형편이었다.

아버지는 엄하셔서 내가 먼저 말을 잘 걸지 않았다. 아버지와 대화는 아버지가 술에 취하면 삼 남매를 불러 놓고 시작된다. 내 감정보다는 주로 아버지 설교를 듣는 일방적인 대화였다. 아버지 앞에서 빨리 벗어나기 위해서는 무조건 "네."라고 대답해야 했다.

어머니는 정말 친절하신 마음과 따뜻한 가슴을 가진 분이시다. 나는 사춘기 시절, 천사 같은 어머니가 만만했나 보다. 세상의 모든 불평불만을 다 쏟아붓고 여차하면 대문이 부서질 정도로 세게 닫아버리고 학교에 가곤 했다. 이렇게 행동하고 나면 마음이 불편해야 하는데 속이 시원하고 후련했다. 방과 후 만난 어머니는 아무 일 없었다는 듯 따뜻하게 맞아주셨다. 나는 세상 가장 못된 딸이었다.

나는 나를 있는 그대로 받아주신 어머니 덕분에 크게 어긋나지 않았다. 어머니의 긍정적인 대처와 큰 사랑으로 밝은 나로 자랄 수 있었다. 아버지의 깊은 사랑과 어머니의 넓은 아량을 깨닫는 데 30년이란 세월이 걸렸다. 내가 부모님 생각만 하면 감사하고 죄송해서 눈물이 나는 이유다.

누구에게나 감정조절이 수월하게 되는 날이 있고, 완벽하게 엉망이라고 느끼는 날이 있다. 우리는 부모이기 이전에 사람이다. 부모에게는 완벽해야 한다는 의무가 없으며, 완벽함은 부모가 추구해야 할 미덕도 아니다. 그러나 부모는 되도록 가장 좋은 부모이기를 바란다. 나의 부모의 장단점을 오랫동안 고민하고 평가하는 것을 부모를 배반하는 행위라 생각하지 말자. 나는 부모님이 나를 어떻게 길렀는지를 생각해보는 동안, 좋은 점과 나쁜 점을 깨달았다.

부모의 양육 방식을 객관적으로 평가하고 나의 양육 방식을 객관적으로 평가해야 한다. 나의 양육 방식에 나쁜 영향을 미칠 수 있는 특성을 한두 가지 적어보면 도움이 된다. 불안? 나쁜 부부 사이? 너무 쉽게 흥분하는 것? 다른 사람의 감정을 읽을 수 없는 것? 등을 적어본다. 적어보는 행위로 부정을 극복하고, 투사에 맞서고, 내가 무엇을 바꾸어야 할지를 판단할 수 있다.

사람은 결코 완성되는 법이 없다. 인생은 끊임없이 바뀌기 때문이다. 3살 아이가 뾰로통한 얼굴로 "엄마 미워!" 하는 소리는 참을 수 있다. 하지만 10년 뒤에 13살이 된 아이가 엄마 얼굴을 정면으로 쳐다보면서 같은 말을 한다면 참지 못할 수도 있다.

아이의 감정변화에 적응하고 아이와 함께 성장하기 위해서 공감 능력을 공부하고 연습해야 한다. 아이는 부모와 말하고 있다고 해서 부모에게 이해받고 있다거나 공감을 받고 있다고 느끼는 것은 아니다. 즉 말하고 있을 뿐 대화한다고 느끼지 못할 수도 있다.

공감 능력이란 다른 사람 내면의 경험을 정확하게 이해하는 능력이다. 상대방의 경험에 동의하는지 동의하지 않는지는 전혀 상관이 없다. 아이의 감정을 함께 경험한다는 뜻이다. 다른 사람의 내면 안으로 들어가 생각을 공유한다는 것이 분명 쉽지는 않다. 그러나 나의 아이들이 그 대상일 경우에는 부모에게 유리하다. 아이들이 태어났을 때부터 아이를 보았기 때문이다.

공감 능력이 뛰어난 부모 밑에서 자란 사람은 자신도 공감 능력이 뛰어난 부모가 될 가능성이 크다. 부모의 역할은 아이를 낳고 이끄는 것이지, 자신을 복제하는 것이 아니라는 것을 기억하자.

공감 능력은 노력하면 발전할 수 있다. 공감 능력은 나와 아이의 관계를 단단하게 붙여주는 접착제 역할을 한다. 부모가 아이의 감정을 소중하게 다루어야 하는 이유다.

08

행복한 워킹맘이
자존감이 높은 아이를 키운다

워킹맘으로 살아가면서 직장이나 업무 내용 및 대우에 불만을 느껴 지금의 회사를 그만두려고 하는 사람이 많이 있다. 그만두고 싶은데 그만두지 못해 스트레스를 안은 채 계속 일하는 사람도 있다. 또한 육아로 심각하게 고민하고 망설이는 사람도 있다. 매스컴에서는 '아이를 많이 낳아 기르고 동시에 일도 척척 해나가고…'라고 하며 워킹맘에게 과잉 요구를 한다. 결혼할지 말지, 아이를 낳을지 말지, 일을 계속할지 말지, 여성들은 선택 앞에 멈춰 서고만다. 진정한 나와 마주하는 순간이다. 쉽게 대답을 할 수 없다. 과연 나의 선택은 행복의 시작인가? 불행의 시작인가?

나의 아버지는 다른 사람에게 베풀 때가 가장 행복하다고 하셨다. 남에게 줄 때는 가장 좋은 것, 가장 맛있는 것을 주어야 한다는 원칙을 갖고 계셨다. 아버지의 술값 계산은 사회생활의 일환이었다. 술친구들에게 인정을 그렇게 베푸셨다. 술값이 없으면 집으로 사람을 불러오곤 했다. 내 것을 내어주어야 행복한 아버지가 되었다. 나는 그런 일들이 아버지 스스로 행복한 감정을 느끼기 위한 나름의 방편이었다는 것을 불혹이 넘어서야 깨닫게 되었다. 그 당시 아버지의 행복한 표정을 보면 나는 세상에서 가장 안정되고 행복한 아이가 되었다.

나는 아버지가 남에게 베풀듯이 가족에게 더 따뜻하게 베풀어준다면 더할 나위 없이 좋겠다는 생각을 했다. 술친구들에게 대하는 아버지 모습이 가정 내 아버지의 모습보다 더 좋아 보였기 때문이다.

아버지는 만취해서 집에 들어오면 전혀 다른 사람으로 변했다. 이런 날은 가슴이 조마조마하고 불안으로 떨어야 했다. '제발 오늘은 아무 일 없이 지나가자.'라고 기도했다. 어깨를 축 늘어진 채로 터벅터벅 걸어오시는 발걸음을 보면 안쓰러운 마음도 들었다. 아버지는 가족을 위해 뜻대로 되지 않는 인생살이의 고달픔을 술로 달래며 사신 것이다. 아버지의 행복은 충족됐을지 몰라도 가족의 행복에는 어떤 영향을 미쳤을지 생각해 본다.

사람들은 행복이 자신의 내면에 있다고 말한다. 외부의 영향과는 관계없이 온전히 내면에서 행복을 끌어 올 수 있는 사람이 얼마나 될지 모를 일이다. 아버지는 행복을 위해 몸부림을 치셨지만 그것이 부부 싸움의 갈등 요인이 되기도 했다. 행복이 불행으로 바뀌는 것은 순식간이라는 것도 깨달았다.

잦은 음주는 몸의 건강에 위협이 된다. 아버지는 강한 복통으로 검사를 받은 어느 날 췌장염이라는 진단을 받았다. 암이 아닌 것이 다행이라고 위안을 했지만, 하늘이 무너지는 기분이었다. 공교롭게도 옆집 아저씨는 같은 시기에 췌장암 진단을 받고 3개월 후 유명을 달리하였다.

췌장염 진단을 받은 아버지는 개복수술이 불가피했다. 등쪽에 위치한 췌장을 수술하는 일은 정말 목숨을 내놓아야 한다고 했다. 위험을 감수하겠다는 수술 동의 서명을 해야 했다. 수술실에 들어가면 못 나올 수도 있다는 당시 설명이 있었다. 손을 놓기에 나이 50대는 너무 억울하지 않은가?

나는 아버지의 술이 싫었던 것이지, 아버지 본래의 모습은 많이 사랑했다. 자식에 대한 사랑은 어느 부모보다 더 깊으셨다는 것을 잘 안다. 당시 나는 20대 초반으로 아버지께 해줄 수 있는 것이 아무것도 없었다. 월급을 털어 지푸라기라도 잡는 심정으로 무속인을 찾아갔다. 굿을 해서라도 아버지를 살리고 싶었다. 우리 집의 기둥인 아버지가 잘못되는 일은 상상하기도 끔찍했기 때문이다. 술에 취한 아버지가 싫으면서도 아버지를 지키는 일이라면 모든 것을 다 해야겠다는 생각을 한 나의 선택이었다. 나는 그 당시 아버지를 사랑하는 마음 하나로 움직였다.

당시 대전에서 17세 용궁꽃도령으로 이름을 날리고 있는 오왕근 무속인을 어렵게 찾아갔다. 나보다 어린 학생의 모습에 놀랐지만, 마음은 성인군자였다. 내가 앉기도 전에 무엇 때문에 찾아왔는지 다 알고 있다는 사실에 많이 놀랐던 기억이 난다. 나는 무조건 "우리 아버지 살려주세요."라고 애원했다.

보이지 않는 것을 믿는 것은 마음을 믿는 것과 같다. 결과적으로 아버지는 수술을 무사히 마칠 수 있었다. 아버지는 20여 년이 지난 지금까지 건강하게 생활하고 계신다. 나는 어떠한 방법이 되었든 건강을 되찾은 아버지에게 정말 감사한 마음이 든다.

오왕근 영매사와의 인연은 20여년이 지난 지금까지도 지속되고 있으며 그에 대한 감사한 마음도 여전하다. 인간적으로 인연을 이어가고 있지만, 이제는 워낙 바빠 만나기 어려운 사람이 되었다. 긴 세월의 내공만큼 마음도 깊은 그에게 SNS로 깨달음의 힌트를 받고 있다.

아버지는 이후 술도 줄이시고 담배도 끊으시고 새로운 삶을 살아가시고 있다. 얼굴엔 늘 웃음이 끊이지 않아 어머니도 행복해하니 가족 모두가 행복하다. 부모의 행복은 곧 우리 삼 남매의 행복이 되었다.

나는 전업맘이든 워킹맘이든 가정 안에서는 무조건 행복해야 한다고 생각한다. 특히 워킹맘은 직장의 문제를 집까지 가져오지 말아야 한다. 직장 내 불편한 감정 상태 그대로 퇴근하면 집에서 짜증을 내는 일이 생기기 때문이다. 나로 인하여 가정의 행복이 무산 되는 일은 없어야 하겠다. 지친 삶의 위로와 피로회복제로 가정의 행복은 큰 역할을 한다.

나는 세 아이에게 가장 행복한 장소가 가정이라는 곳을 느끼게 해주고 싶다. 아이들이 자라서 어려운 일을 만났을 때 행복한 가정을 떠올린다는 것은 마음에서 큰 긍정의 에너지를 얻는 것과 같기 때문이다.

토요일 아침이었다. 세 아이와 함께 가까운 용봉산을 오르기로 했다. 막내가 3살부터 산에 다녀서 나보다 산을 더 잘 탄다. 나를 앞서가는 세 아이를 보면 세상 부러울 것이 하나도 없다. '내가 제일 행복한 사람이다.'라고 느껴져 등산 내내 미소가 가시지 않는다.

산에 가면 오가는 길에 모르는 사람들과 가벼운 인사를 나누게 된다. 아이들 앞에서 어른인 내가 먼저 인사를 건넨다. 그러면 아이들도 나를 따라 한다. 나는 '사는 맛이 이런 것이구나.'라고 느끼고 살아 있음에 감사를 한다. 내가 산을 좋아하는 이유는 산에서 만나는 사람들은 모두 긍정적인 눈빛과

114　세 아이를 키우는 워킹맘의 행복한 육아 이야기

말, 에너지를 주고받기 때문이다. 힘들어보이면 응원해주고 간단한 간식을 나누는 일도 정겹다. 나의 팍팍한 일상에서 여유롭고 마음의 안식처로 산은 나를 포근하게 안아주는 곳이다. 나는 산에 다녀오면 행복감으로 더욱 충만해진다.

물 흐르듯 잔잔한 일상에서 소소한 행복은 얼마든지 찾을 수 있다. 인생을 자연스럽게 즐기는 습관을 길러보자. 아무리 바쁘더라도 하루하루의 경험을 통해 행복을 찾아 의미 있는 삶을 만들 수 있다. 행복은 내일 있는 것이 아니다, 바로 오늘이 행복인 것이다.

행복한 부모의 모습에서 나의 어깨가 으쓱했듯이, 내가 행복한 상태를 유지해야만 하는 이유는 충분히 많다. 그 중에서도 가장 중요한 이유는 내가 행복해야 내 아이의 자존감이 높아지고 마음이 강해지기 때문이다.

· 3장 ·

대한민국 워킹맘이
행복하게 사는 방법

당장 행복한
워킹맘이 되는 방법

일과 육아를 병행하며 스트레스를 두 배로 받는 느낌이 들 때 행복감은 제로가 된다. 힘들다고 징징대고 나의 신세 한탄을 한다. 세상은 생존경쟁의 전쟁터로 밖에는 안 보인다. 힘든 상황을 오기로 버티고 있고 이를 악물고 다니는 칙칙한 표정의 워킹맘. 이런 워킹맘의 모습이 나의 모습이라고 깨달았을 때 너무 충격적이었다.

나는 슬프고 괴롭기 위해 사는 게 아니다. 나는 행복하기 위해 태어났다. 나와 함께 걸어가는 가족이 있는데 무엇이 두려운가. 나는 두려움에 질려 뒷걸음질 치거나 자포자기해야 할 이유가 하나도 없다. 어떻게 하면 즐겁고 행복하게 살까 한 가지 생각에 집중해야 한다. 세상을 내가 마음껏 뛰어놀고

춤을 출 수 있는 놀이터로 볼 것인지는 전적으로 나의 마음에 달려 있다. 내가 어떤 시선으로 볼 것인지 결정하느냐에 따라 세상은 달라진다.

내가 일하는 '충남서부아동보호전문기관'에서는 1년 연중행사로 '내포 나눔 축제'를 개최한다. 지역의 맘카페 '내포 천사'와 공동으로 진행하는 큰 행사이다. 바자회 및 판매를 통해 얻은 수익금 전액은 학대 피해 아동의 치료비 지원금으로 기부하는 순수 기부 행사다.

'충남서부아동보호전문기관'에서는 행사를 위해 연초에 계획을 세운다. 기획하고 실행, 마무리까지 실수 없도록 해야 하므로 전담팀이 꾸려진다. 직원 모두 본 업무와 겹치게 되어 에너지를 많이 쏟는다. 나도 예외 없이 회계업무를 동시에 해결해야 하므로 퇴근 시간이 늦어진다.

아이들의 학교 운동장에서 이루어지는 행사이자 엄마 회사에서 주최하는 행사이다 보니 기대도 하고 적극적으로 일을 돕는다. 당일이 되면 바자회 판매 및 심부름을 도맡아 하는 훌륭한 일꾼이 되어준다. 준비과정이 만만치 않지만, 나의 에너지를 다 쏟아 행사를 마무리하고 나면 뿌듯함과 행복한 마음이 밀려든다. 기부하는 행사를 통해 비로소 베풀 때 행복하다는 것을 경험하게 된다. 지역 내 주민이 참여하고 기부하는 행사는 아름답게 빛이 난다. 축제의 장에서 모두가 행복해지는 순간이다.

세 아이를 키우는 워킹맘의 행복한 육아 이야기

삶에서 위대한 일은 우리가 만나는 모든 사람에게 작은 선행을 베푸는 것이다. 약간의 동정심, 예민한 관찰력, 약간의 재치만 있다면 가능하다. 바자회 행사에 참여하는 것만으로 충분히 위대한 일을 하는 것이다.

행복해지고자 한다면 인색한 습관은 버려야 한다. 남에게 주는 습관은 행복을 배로 만든다. 남에게 무엇인가를 줄 때, 마음이 부드러워지고 더욱 관대하게 만들기 때문이다. 결국, 내 자신에게 주는 것과 같다.

나는 일을 할 때, 성취감을 느끼기 위해서 목표를 두고 하는 편이다. 목표에 도달할 때 내가 해냈다는 보람을 느끼면 삶이 충만해진다. 업무에 대한 책임 때문에 일을 싸 들고 퇴근하기도 하고 야근을 해야만 하는 경우도 생긴다. 특히 회계업무는 기한 내 마무리를 요구하는 일이 많다. 마무리가 완성될 때까지 해야 하는 업무들이 많은 비중을 차지하고 있다.

입사 첫해 2015년도가 가장 힘든 해이자 가장 보람 있는 해였다. 새로운 일에 적응해야 했고, 동시에 육아도 해야 했다. 나는 새롭게 시작한 일이 즐거웠다. 잘하고 싶은 욕구로 의욕도 충만했다. 반대로 나의 몸은 힘들었는지, 머리카락이 빠지면서 원형탈모가 진행되고 있었다.

나는 일일 회계업무 외에 추가경정예산서 작성, 연 예산 작성, 결산업무, 총

무업무를 주 업무로 했다. 장부와 현물, 통장 잔액이 깔끔하게 옳게 맞아떨어져야만 하는 업무라 섬세함과 예민함을 요구했다. 집중하여 깔끔하게 처리하고 나면 그제야 다리를 펴고 잘 수 있었다. 그래서 새벽 4시가 돼서야 업무가 마무리된 적도 있다. 몸은 피곤해도 나의 성취감으로 출근길이 즐거웠다.

새로운 일에 도전한다는 건 인간이 누릴 수 있는 가장 큰 즐거움 중 하나이다. 너무 어렵다고, 나이가 많다고, 시간이 없다고, 피곤하다고 배우는 걸 포기한다는 건 인생의 큰 즐거움을 포기하는 것이다. 내가 새로운 일에 도전하면서 육아라는 부담으로 포기할까도 생각했다. 하지만 기회를 놓치고 싶지 않았다. 행동하다 보면 반드시 길이 있으리라는 믿음이 있었기 때문에, 무작정 종일 근무에 뛰어들었다. 살던 대로만 살지 말고 주위의 다양한 일에 도전한다면 행복은 나의 것이 된다. 그러면 내가 살아 있다고 느끼고 빛이 난다.

맏이인 나에게 부모님은 특히 많은 사랑을 주셨다. 난 동생들에 비해 많이 배우지도 그리 똑똑하지도 않았다. 대신에 새로운 일에 도전하는 정신과 열정이 있었다. 부모님은 그런 나에게 항상 "진선아, 네가 하는 일이라면 무조건 찬성해. 넌 뭐든 잘할 수 있어."라고 말해주셨다. 부모님은 자신 있게 도전하는 일이라면 말리지 않고 격려와 응원을 해주셨다. 또한, 내가 몸이 방전되어 지쳤을 때, 나를 채워주는 정신적 에너지원이 되어주셨다.

천성이 굉장히 명랑하고 낙천적인 어머니는 자식들에게 늘 긍정적이고 밝은 생각만 하라고 가르치셨다. 부정적인 말이나 행동은 부정적인 에너지를 끌어모은다. 이런 에너지가 쌓이면 모든 게 부정적으로 보인다. 반대로 긍정적인 마음가짐은 위기에서도 살아날 궁리를 하게 만든다. 벼랑 끝에 매달린 사람이 언제 추락하게 될까? 마음속으로 살아날 가망이 없다고 생각하는 순간이다.

정말로 할 수 있다고 믿는 순간, 왠지 기분이 들뜨고 좋아진다. 이 긍정의 에너지는 결국 내가 무엇인가를 할 수 있어서 행복한 사람이라고, 뿌듯하게 느낄 수 있게 한다.

나는 주부임에도 불구하고 식사 챙기는 일이 가장 어렵다. 퇴근 무렵이 되면 식사 챙기는 일이 고민되기 시작한다. 외식이라도 하는 날이면 고민하지 않아 행복하게 식사를 할 수 있다. 남편은 나의 이런 마음을 아는지 주말 식사는 책임지고 정성껏 챙겨준다. 나와는 반대로 음식을 하는 즐거움을 아는 사람이다. 특히 캠핑 가서 고기 굽는 기술은 최고라고 자랑하고 싶다.

나는 집이 가까워 점심 식사는 집에서 대충 끼니를 해결한다. 이런 마음을 아는지 점심시간에 맛있는 음식을 함께하자고 할 때면 감사한 마음이 든다. '자산증식은 가정에서 시작된다.'라는 말을 실천하는 남편이다.

‘우리를 건강하고, 만족하고, 번영하게 만드는 것은 바로 일에서 얻는 성취감이다.’라는 명언이 있다. 사람들은 하는 일이 힘들면 벗어나길 원한다. 지나고 보면 바쁜 사람들, 계속 일을 하는 사람들이 가장 행복한 사람들이다. 일을 고역으로 여기느냐, 아니면 기쁜 마음으로 하느냐가 우리의 건강과 행복을 좌우한다는 것을 기억해야 한다. 다시 말해 일은 삶의 강장제여야 하고 삶은 행복이어야 한다.

직업을 가져야 하는 가장 큰 이유는 생계뿐만 아니라 행복을 얻기 위해서이다. 나의 일에서 감사할 수 있는 이유를 당장 찾아보자. 워킹맘은 돈보다는 일에서 만족감을 얻을 때 행복감을 느낄 수 있기 때문이다. 일을 가졌다. 일할 장소가 있다. 원하는 것을 얻기 위해 돈을 벌 수 있다는 사실만으로 내 일에 행복할 이유는 충분하다.

맹목적인 모성애는
아이를 파멸시킨다

부모가 된다는 것은 이미 과학적으로 밝혀진 모든 정보를 이용하여 지적·정서적으로 안정된 행복한 인격체를 만들어내는 것을 의미한다. 이를 위해 따스한 가슴과 넘치는 애정으로 아이를 있는 그대로 받아들이고 보살펴야 한다. 이것은 보통 복잡하고 어려운 일이 아니지만, 한편으로는 세상에서 가장 흥미로우면서도 보람 있는 일이다.

처음으로 엄마가 된 사람은 이런 말을 듣는다. 엄마란 아이가 태어날 때부터 '모성애'와 '모성 본능'을 가지고 있다. 자연스럽게 아이를 사랑하고 기를 수 있다는 말을 듣는다. 물론 아이에 대한 애정은 자연스럽게 우러나지만, 막상 아이를 어떻게 키워야 할지는 막막하다. '모성애'와 '육아에 대한 지식과 경험'

은 전혀 다른 분야이다. 모성애만으로는 아이를 잘 키울 수 없다는 것을 아이와 직접 마주했을 때 절실하게 느끼게 되는 것이다. 아이를 잘 키워야 한다는 생각에 모성애만 내세우는 경우가 있는데 이는 지양해야 한다. 아이를 행복한 인격체로 만드는 부모에서 멀어지기 때문이다.

워킹맘에게 아이가 아픈 일 만큼 난감한 일도 없다. 나는 아이가 콧물이라도 나면 병원에 즉각 달려갔다. 퇴근 후 아이를 데리고 병원으로 출근하는 꼴이었다. 특히 첫째 리원이에 대한 반응은 더 민감했다. 정보가 없었기 때문에 더욱 그랬다. 일하는 엄마 만나서 늘 감기를 달고 사는 것 같아서 아이에게 미안했다. 감기가 나아지지 않고 지속될 때는 죄책감까지 들었다. 병원을 다녀와서 약을 먹이는 것이 일상이었다. 끼니는 늦어도 투약 시간은 정확하게 지키려 했다. 아이 건강에 대한 지식과 경험이 없는 나머지 병원과 의사의 말을 100% 신뢰했다. 누구나 그렇게 하는 것이 가장 좋은 방법이라고 생각할 것이다.

아이가 항생제를 한 달 동안 먹고 있는 상태가 우려되어 이렇게 장기간 복용해도 괜찮은지 물었을 때 괜찮다는 답변을 받아야 안심했다. 내가 살아가고 있는 지역에서 엄마들이 제일 신뢰하고 진료대기도 길어 인기도 많은 병원이었다. 나는 아이에게 항생제를 보약이라 여기며 먹여 키웠다.

첫째 리원이가 6살 때 편도비대증이라는 진단을 받았다. 리원이는 잠을 편히 못 잤고 어른처럼 코도 심하게 골았다. 병원에서는 편도를 제거해서 숨 쉬는 공간을 마련해주어야 한다는 것이 아닌가. 밤새 숨쉬기 힘들어하는 모습이 지속된 터라 수술을 안 할 수도 없는 노릇이었다. 이런 상황에서 수술 동의하지 않는 부모는 몹쓸 부모로 낙인찍히고 말 것이다. 결국, 리원이는 7살이 되면서 수술로 편도를 제거해야만 했다. 수술의 공포와 회복하는 동안의 고통은 리원이 몫이었다. 어느 부모나 그렇듯, 아이 대신 아파줄 수만 있다면 대신 아파주고 싶은 심정이 나에게 사무치도록 공감되었다.

수술 뒤에 알게 된 정보이지만 장기로 복용한 항생제로 인해 편도가 비대해졌음을 알 수 있었다. 한방에서는 몸에 있는 열이 한곳에 뭉쳐 있기 때문이라고 했다. 나는 양방이든 한방이든 가리지 않고 정보를 수집하고 아이에게 가장 도움이 되는 선택을 내려야 했다. 이 과정을 거치지 못한 나는 아이에게 큰 상처를 주게 되었다.

일하는 엄마는 신뢰성 있는 정보 수집이 필수다. 정확한 정보를 수집하고 나와 아이 상황에 맞는 선택을 해야 한다. 특히 초보 엄마는 첫아이를 키우며 시행착오를 많이 겪을 수밖에 없다. 둘째 아이를 양육할 때는 첫아이를 키운 경험이 있어 여유가 생긴다. 둘째 아이가 대부분 더 여유롭고 성격이 좋은 것은 엄마의 마음과 태도가 변했기 때문이다.

나는 세 아이를 너무 사랑한 나머지 희생을 당연히 여기면서 키웠다. 나는 아니라고 부정했으나 잔소리는 끝날 줄 몰랐다. 아이도 힘들겠지만 나 또한 지치고 힘들었다. 나의 희생으로 아이들은 행복해야 마땅하다. 그러나 아이들은 나에게 불만이 쌓이고 있었다. 나는 나의 마음을 헤아려주지 않는 아이들에게 서운함이 드는 것은 어쩔 수 없었다.

나는 셋째 아이 서호에게 막내라는 이유로 세 아이 중 비위를 가장 잘 맞추어주었다. 아이 말이라면 다 들어주려는 마음이 앞섰다. 서호에게 엄마는 무엇이든지 다 해주는 사람으로 인식되었던 것 같다. 막내지만 왕처럼 대접했고 때문에 서호는 왕처럼 군림하려 했다. 과잉보호로 자라고 있던 것을 모르고 있었다.

집에서는 활발하고 아무 문제가 없어 보였지만 엘리베이터나 다른 곳에서 사람들을 만나면 아이는 달라졌다. 회피하는 행동을 보이며 자꾸만 엄마 품으로 숨으려고 했다. 나는 안쓰러워서 서호를 대변해주고 받아주고 그랬다. 서호는 엄마를 모든 것을 다 해결해주는 전지전능한 능력자로 믿었을 것이다. 나는 아이에게 질질 끌려다녔고 악순환은 이어졌다.

나는 아이를 훈육하는 것을 주저하기도 했다. 결과적으로 비위를 맞춘 꼴이 되었다. 아이는 가정에서는 크게 문제 될 것이 없지만 세상에 나가 적응할 힘을 잃어버린 것이었다. 회피하는 서호를 보며 올바른 훈육의 필요성을 느끼게 되었다. 아이에게 지시하고 명령하는 것이 아니라, 아이가 올바른 행동을 하도록 도와야 했다. 그것이 나의 역할임을 깨달았다.

　나는 세 아이를 키우는 동안 아이를 맡겨놓고 영화를 본다든가 다른 볼일을 보기 위해 자리를 비워본 경험이 없다. 일하는 엄마 때문에 일찍이 어린이집에 가야 했기 때문에, 엄마랑 있는 시간 동안에는 함께 있으려는 마음이 컸다. 나는 영화를 보고 싶은 욕구가 없었을 뿐 아니라 아이를 맡겨 놓고 마트라도 다녀오려고 하면 아이에게 미안한 마음이 들었다. 나의 휴식이나 편의를 위해 아이들에게서 도망치는 느낌이 들었기 때문이다. 조금 힘이 들어도 외출은 세 아이와 늘 함께해야 마음이 편했다. 나는 마음 한곳에 맹목적인 모성애를 바탕으로 양육했다.

　사람은 혼자서 살 수 없다. 가정에서 사회로 나아가 협력하여 살아가야 한다. 하지만 경쟁은 인생에서 어쩔 수 없는 것이다. 어떻게 하면 즐겁게 경쟁할 수 있을 것인지에 초점을 맞춰야 한다. 결국은 협력하는 사람이 성공하게 되어 있다. 성공은 '개인전'이 아니고 '단체전'이라는 것을 명심하자. 협동하고 같이 갈 때 훨씬 더 효과적이다. 아이가 포기하지 않고 협력할 수 있도록 경쟁 심리를 자극해 연습시키는 것도 필요하다.

우리 아이는 사회에서 다른 아이들과 함께 살아간다. 내 아이의 성장도 중요하나 우리 아이 옆에 있는 아이가 잘 성장하는 것도 정말 중요하다. 내 아이가 살아가는 사회에서 중요한 인적 환경이 되기 때문이다. 내 아이에게도, 다른 아이에게도 서로 좋은 환경이 되어야 한다.

흔히 아이가 잘못되면 친구를 잘못 만나서 그렇게 되었다며 친구 핑계를 댄다. 꼭 친구 탓만은 아닐 텐데 말이다. 나의 아이가 소중한 만큼 옆에 있는 아이도 소중하다는 것을 엄마는 인지하고 아이를 양육해야 한다. 서로 좋은 친구가 되도록 노력하고 좋은 친구를 사귈 수 있도록 잘 안내해야 한다.

"맹목적인 모성애 때문에 파멸한 인간이 위험한 소아병으로 파멸한 인간 보다 많다."

오토 라익스터가 한 명언이다. 편협한 생각과 무지한 양육은 결코 좋은 결과를 낳을 수 없다는 사실을 기억하자.

일도 육아도
커리어우먼처럼 하라

여러분은 힐러리의 '셀프토크'를 들어보았는가? '셀프토크(self-talk)'는 의사결정을 스스로 내리고 자유롭고 독립적인 여자로 거듭나기 위해 힐러리가 선택한 전략이다. 진심을 담아서 자신에게 말을 거는 것이 핵심이다. 진심이 담긴 말에는 마법 같은 힘이 있다는 것을 힐러리는 알고 있었다. 힐러리는 스스로의 길을 당당하게 걸어갔다. 그러자 새로운 세계가 열린 것이다. 자신감을 가진 힐러리는 미국 국무장관이 되었고, 대선에 출마해 여성 대통령에도 도전했다.

일과 육아를 동시에 감당해야 하는 워킹맘은 항상 위기에 노출되어 있다. 아이가 아프기라도 하면 온종일 신경이 쓰인다. 업무가 마무리되지 못했거나 중대한 업무를 앞두고는 육아를 뒤로 미뤄야 하는 상황은 비일비재하다. 직장에서는 일에 집중하고 집에서는 육아에 전념해야 하는데 말처럼 쉽지 않다. 이때 흔들린다면 진짜 위기가 시작된다. 위기는 언제 어디에서 튀어나올지 모른다. 이 일도 저 일도 제대로 할 수 없는 순간이 찾아온다.

위기가 오면 우리는 우리의 길을 더 담담하게 걸어가야 한다. 마치 아무 일도 없었던 것처럼 말이다. 말처럼 쉽지는 않으나 의식하면 얼마든지 가능하다. 직장에서는 나의 일에 집중하여 멈추지 않고 전진해야 한다. 집으로 퇴근하면 아이들과 육아만 생각하고 전념해야 한다. 가던 길 멈추지 말고 담대하게 하던 일을 계속하면 위기는 뒤로 지나가게 되어 있다. 그러면 위기는 디딤돌이 되어 나의 성장을 돕게 된다.

나는 직장에서 인정받는 사람이 되고 싶었다. 20여 년 동안 내가 가진 생각은 무조건 열심히 일하면 인정받는 사람이 될 줄 알았다. 나의 내면에는 멋있게 일하는 커리어우먼을 그리고 있었다. 야근업무는 당연했고 불편한 회식자리도 거절하지 못했다. 그래야만 하는 줄 알았다. 이게 내 업무 스타일이 되어버린 것이다. 문제는 워킹맘이 되면서 드러났다.

일과 육아를 병행하기 위해서는 내가 할 수 있는 일만 해야만 했다. 업무 외적인 것은 선택이지 의무로 받아들이지 말아야 한다. 왜냐하면 일에만 너무 치중하게 되면 당연히 육아에는 소홀해지기 때문이다. 일은 나의 만족을 위한 이유도 있지만, 가족을 위한 것이기도 하다. 일과 육아는 상호보완, 협력 관계가 되어야 하는데 나는 일에 비중을 더 두었던 것 같다. 특히 세 명의 아이들이 초등학생이 되면서 나는 육아보다 일의 관심 비중이 커졌다. 나의 만족감을 채우기에 바빴던 것이었다. 좋은 엄마에서 멀어지는 것 같아 아이들에게 미안한 마음이 들었다.

워킹맘이라면 누구나 일도 잘하고 육아도 잘하고 싶은 마음이 있다. 방법을 몰라서, 못하는 것이 아니다. 각종 정보가 난무하는 시대에서 방법은 무궁무진하다. 단지 태도에서 두려워하는 것이다. 우리는 2가지 일을 충분히 할수 있다. 해보지도 않고 할 수 없다고 생각하는 순간, 정말 할 수 없는 사람이된다. 유능과 무능의 차이는 한끗 차이에 불과하다. 힐러리의 셀프토크 방법으로 '나는 2가지 일을 유능하게 할 수 있다.'라고 자신에게 심리적 주문을 걸어보자. 그러면 당신의 태도는 유능한 워킹맘처럼 변해 있을 것이다. '아이들때문에… 회사일 때문에…'라고 핑계 대는 태도는 온데간데없이 사라진다.

나의 세 아이는 내가 근무하는 사무실에 자주 온다. 사무실이 집과 가까운 곳에 있기도 하고, 엄마가 일하는 모습을 자랑스럽게 생각하기 때문이다.

하루는 초등학생인 딸과 아들에게 엄마가 집에 있지 못해서 미안하다고 마음을 전했다. 아이들은 손사래 치며 오히려 엄마가 직장에 다니는 것이 너무 좋다는 것이 아닌가? 아이들 눈에는 일하는 엄마가 영웅처럼 보이는 것 같았다. 이 세상에서 우리 엄마가 제일 멋있고 일 잘하는 커리어우먼이라고 믿기 때문이다. 아직 존경까지는 아니더라도 엄마를 긍정적인 이미지로 생각한다는 것만으로 나는 반은 성공한 것이다. 나는 더 힘을 내야 할 충분한 가치가 있는 엄마다.

내가 세 아이에게 강조하는 것이 있다. 바로 '인사성'이다. 나는 인사성이 공부를 잘하는 것보다 우선순위가 되어야 한다고 생각한다. 어른을 보고 인사하지 않았을 경우에는 인사를 해야 하는 이유와 인사하는 방법을 가르친다. 백 마디 말보다 행동으로 보여주려고 노력한다. 엘리베이터에서 이웃을 만났을 때 먼저 인사를 하고, 동네 마트에 들어설 때, 나설 때도 인사를 한다. 너무도 당연한 일이지만, 아이들은 엄마의 뒷모습을 통해 세상을 보기 때문에 아이들 앞에서 모범을 보여주어야 한다.

인사를 하는 것도 중요하지만 인사를 받는 행위도 중요하다. 감정상의 이유로 인사를 받지 않는 사람들도 많이 있다. 인사로 인해 친구, 가족, 직장 동료 등 인간관계에서 틀어지는 경우가 다반사다. 인간관계에서 가장 기본이 되는 것이 인사다. 인사를 하는데 받지 않는 것만큼 무안한 상황도 없다. 한 번이라면 몰라도 여러 차례 인사를 받지 않았을 경우 인간관계를 이어갈 필요성이 있을까?

나는 상대가 일부러 인사를 받지 않으면 어른이라고 해도 굳이 하지 않는다. 인사를 받지 않는 것은 길 한복판에 똥 싸는 개와 같기 때문이다. 감정이 상하기 전에 그냥 내버려둬야 한다. 이런 경우를 제외하고는 밝은 표정과 목소리로 인사를 주고받아야 마땅하다.

올해 중학생이 되는 딸아이 교복을 맞추러 갔다.

"학생, 자! 교복으로 갈아입고 나오세요."
"네. 감사합니다."
"어머, 너는 인사성이 참 좋구나! 지금까지 옷을 받으면서 인사하는 친구는 네가 처음이야."

조금 으쓱했다. 밖에서 의도치 않게 듣는 칭찬은 아이에게도 큰 힘이 된다. 딸아이는 퇴근한 아빠에게 자랑하며 기뻐했다. 이후부터는 "감사합니다."라는 인사를 자신감을 갖고 자연스럽게 한다.

둘째 대호는 경비실 아저씨, 관리사무실 소장님, 택배기사 등 아는 얼굴이라면 인사를 매우 성실히 하는 것 같다. 자주 보는 어른을 만났을 때 항상 인사를 해야 한다고 말해주기는 했다. 아이의 사교성으로 경비실 아저씨와 친하게 지내고 있고, 자주 보는 택배기사와도 친해졌다. 동네 어른들과 허물 없이 지내는 둘째 아이가 대견하다.

더운 여름날, 대호가 아이스크림을 기분 좋게 먹으며 집에 들어왔다. 아이스크림의 출처는 바로 택배기사였다. 아이가 택배기사의 배달을 도운 것이다. 나는 왜 힘들게 배달을 도왔냐고 나무라지 않았다. 오히려 잘한 일이라고 칭찬해주었다. 왜냐하면 기사님의 도움이 필요한 상황에서 도왔기 때문이다. 도와준 대가로 아이스크림까지 먹는 행운은 아이에게 성공 경험 중 하나라고 생각한다.

일도 육아도 성공 경험을 모자이크처럼 모으는 것이 중요하다. 처음부터 거창하지 않아도 된다. 작은 일 하나라도 성취감을 느끼면 된다. 이런 경험들이 쌓이면 큰 그림의 윤곽이 드러나게 되어 있다. '나는 두 가지 일을 한꺼번에 할 수 없다.'라는 생각에서 '나는 일과 육아 모두 할 수 있다.'라는 생각으로 전환하는 심리훈련을 해보자. 그리고 믿음을 갖자.

매체에서 보여주는 외적인 모습이 커리어우먼의 전부가 아니다. 그 외면은 내면의 자신감이 일과 육아에 반영된 모습인 것이다. 누군가 해낸 일이라면 나도 할 수 있다. 더 많은 용기와 자신감을 얻고 싶다면 010-7730-1256으로 연락을 달라. 상담, 컨털팅 등 맞춤 프로그램으로 도울 것이다. 어차피 가야 할 길, 함께 가면 더 좋지 않을까?

일에는 머리,
육아에는 마음을 잘 써라

워킹맘으로 살아가면서 얼마나 만족하는가? 일과 육아를 병행한다는 것은 한 가지 일을 하는 사람보다 시간이라는 제약에서 걸림돌이 된다. 입에서는 '시간이 없어서'라는 말이 습관처럼 나온다. 진짜로 시간이 없는 바쁜 사람이 되는 것이다. 다람쥐 쳇바퀴 돌 듯 희망 없는 삶에서 어떻게 빠져나와야 할까?

웅진에서 책 판매 일을 할 때의 일이다. 교사의 판매 실적에 따라 상품과 상금을 지급하여 판매 열정을 올리는 전략을 핀다. '견물생심'이라고, 교사들은 욕심을 낸다. 나 역시 욕심을 많이 냈다. 매출금액에 따라 지급되는 선물은 나의 것이라고 착각했다. 마감 후 선물을 한가득 받아서 집에 쌓아두기도 했다.

　선물 때문에 고객을 설득할 때까지 정성을 다하긴 했지만, 실적이 꾸준하지 못했다. 선물 여부에 따라 마음이 달라졌기 때문이었다. 선물이 있으면 열심히 하고 없으면 해도 그만, 안 해도 그만이라는 태도에 문제가 있었던 것이다. 이런 정신상태로 일을 했으니 잘 될 리가 없었다. 일이 잘 안될 때는 그만두어야 하는지 고민을 하곤 했다.

　나는 아이를 어린이집에 맡기고 일터에 나왔기 때문에, 일이 잘 안되면 미안한 마음이 앞섰다. 아이 책을 사주기 위해서 나온 이상 방법을 찾아야 했다. 내가 고객의 입장이 되어 생각해보기 시작한 것이었다. 당시 시중에는 중고 책 및 현금 할인 책이 많이 있었다. 고객이 정가에 구매한다면 분명 차별화가 있어야 했다.

　나는 구매한 책에 대해 무료수업 서비스는 물론이고 푸짐한 선물까지 고객에게 돌려주어야겠다고 생각했다. 선물을 받을 때의 기쁨을 고객에게 온전히 돌려주기로 했다. 매출에 대한 선물은 내 것이 아니라고 마음을 비웠다. 마음을 비우고 고객을 위한 생각 비중을 넓히자 놀라운 일이 벌어졌다. 매출 상승은 물론, 일에 대한 보람을 느껴 행복했다. 나는 지역 내에서 최고의 매출을 기록하고 프랑스 파리로 여행을 가는 행운까지 얻을 수 있었다. 당시 둘째 임신 5개월 차였다.

내가 나의 이익만 생각하고 일을 했을 때는 조급함이 앞섰다. 나의 조급한 마음을 고객은 매의 눈으로 알아본다. 당연히 책 구매까지 연결되지 않는다. 나의 이익을 챙기고자 하면 할수록 일은 나에게서 돌아서려 했다. 반대로 고객의 입장이 되어서 진정성 있게 생각하고 고객의 아이가 진심으로 잘 되었으면 하는 생각을 가지고 일을 하자 매출이 늘어났다. 이것은 나의 수익이 증가하는 결과까지 낳았다. 욕심을 내려놓을 때 고객은 선택한다는 것을 깨닫게 되었다. 내가 현재 하고 있는 일을 진정 사랑한다면 나의 욕심만 채우고 있지 않은지 현명한 방법이 무엇인지 돌아봐야 한다.

"어머! 얼굴이 왜 그래? 누구와 싸웠니?"

밖에서 축구하고 돌아온 초등학교 4학년 둘째 대호를 보고 깜짝 놀랐다. 목과 얼굴에 손톱으로 긁혀 피가 흐르고 있었다.

"A랑 이제 안 놀 거야. 나빴어."

둘째 아들이 분해서 씩씩거렸다. A와는 친하게 지내는 친구였다. 주먹질, 발길질까지 하면서 싸웠다는 사실이 이해가 되지 않았다. 나는 화를 꾹 눌러

참았다. 흥분한 아이를 먼저 안심시켜야 했기 때문이다. 아이의 자초지종을 듣고 속상한 마음을 함께 공감해주었다. 꼭 안아주었더니 아들은 그제야 눈물을 흘렸다.

아이들은 싸우면 나의 잘못보다 상대방의 잘못을 더 부각시킨다. 이때 엄마들은 아이의 말을 그대로 믿는 구석이 있는데 양면성이 있다는 것을 알고 들어야 한다. 아이의 주장을 하나씩 따져보면 아이의 잘못도 분명 드러난다. 엄마는 중심을 잃지 않고 객관적으로 사건을 보아야 한다. 그래야 아이의 잘못과 친구의 잘못을 가르쳐주고 아이가 친구와 화해하고 친구를 용서하는 경험을 할 수 있도록 이끌어줄 수 있다.

아이들은 순수한 영혼을 가지고 있어서 성인보다 마음이 매우 너그럽다. 아이가 누군가를 용서하고 나의 잘못을 사과하는 경험은 정신적 성장에 중요한 역할을 한다. 엄마가 중립을 지켜야 하는 이유이다.

나는 자라면서 몸싸움이라는 것을 해보지 않았다. 대신 감정이 상해서 친구가 싫어지면 거리를 두었다. 갈등을 가슴에 두고 해결하려 하지 않았다. 이런 문제는 수면으로 드러나지 않았기 때문에 누군가가 조언해주는 일도 없었다. 그래서 사회생활을 하면서 갈등에 적극적으로 대처를 하지 못하기도 하고, 갈등이 있는 상대를 피하기도 했다. 그리고는 나 자신을 비관하거나 다른 사람에게 서운한 점을 말하면서 풀어버리는 비열한 방법을 썼다.

아이들은 그렇게 싸워놓고도 밖에 나가면 다시 친구가 된다. 다시는 놀지 않을 거라고 말한 것이 거짓말이 되거나 말거나 함께 놀이를 한다. 정말 순수하지 않은가! 친구와 갈등을 용서하고 사과하는 과정에서 엄마보다 나은 성숙을 보여주는 것이다. 오히려 내가 아이들에게 배워야 하는 점이다.

넓은 마음으로 나와 다른 사람을 수용하는 연습을 한 아이는 많은 사람이 좋아해준다. 적도 내 편으로 만들 수 있는 넓은 마음은 경쟁 사회에서 자기 앞길을 헤쳐 나아갈 수 있게 한다. 나와 다른 사람을 품어준다는 것은 사회에서 리더로 성장할 확률이 높다는 의미다.

결국 아이들은 싸우면서 자란다는 말이 맞다. 아이들이 싸움을 통해 어울려 가는 방법을 배우고 상대방의 마음을 읽는 능력을 기를 수 있기에 이런 말이 나온 것 같다. 반드시 싸움 후 해결하는 과정을 거쳐야 가능하다. 아이를 공감만 해주는 것으로 끝나면 자기중심적이거나 이기적인 아이가 되기 때문이다.

'나는 일에는 마음, 육아에는 머리를 쓰는 '반대 워킹맘'이 아닌가?' 하는 생각이 든다. 여성으로 사회생활을 하려면 머리보다는 마음을 먼저 써야 했다.

나의 성향 탓도 있지만 주어진 업무 외 추가 업무를 맡겨도 거부할 수 없는 상황이 자주 생겼다. 보이지 않는 일, 누군가는 해야만 하는 일들은 우선순위가 아니었지만, 아무튼 해야 했다. 나의 본 업무가 뒤로 밀리는 상황이니 내가 머리를 잘 썼다고 말할 수는 없는 일이다.

세 아이의 육아를 하면서 아이들이 생각하는 따뜻한 엄마로 자리하고 싶었다. 세 아이에게 다툼이라도 발생하면 어떻게 하면 상황을 종료시킬 수 있을지 생각부터 한다. 나 스스로 감정조절은 잘하는지 아이들 마음의 상처는 무엇인지 살피는 것이 먼저라는 것은 잘 알고 있다.

현실에서는 서로의 잘못을 먼저 따지게 되고 결국 아이들 마음에 난 상처를 보듬어주지 못할 때도 있었다. 아이들의 반감을 사기도 했다. 아이들의 성장을 돕는 엄마는 머리를 쓰는 엄마가 아니라 마음을 쓰는 엄마라는 것을 깨닫는다.

일에는 머리, 육아에는 마음을 쓰는 워킹맘으로 바로 서야 한다. 반대로 꼬여버리면 행복은 줄어들기 때문이다. 일에는 우선순위 원칙을 두고 현명하게 처리하는 여성이 되자. 변수가 생기더라도 우선순위 변경은 신중하게 결정해야 한다.

육아만큼은 머리보다 마음을 먼저 써야 한다. 아이들에게 긍정적인 태도로 마음을 활짝 열어 칭찬하고 많이 웃어주자. 내가 화를 잘 내고 잘 따지는 경향이 있다면, 육아에 임할 때 의식의 변화가 필요하다. 엄마와 아이 모두 스트레스 상황이 깊어지면 궁극적인 행복은 멀리 달아나버린다. 워킹맘이 일에는 머리, 육아에는 마음을 잘 쓰는 것이 행복하게 사는 것의 지혜임을 기억하자.

아이는 엄마와 통할 때
안정감과 행복감을 느낀다

엄마로서 자식 키우는 재미는 무엇이라고 생각하는가? 자식 농사는 잘되고 있는가?

나는 첫아이가 초등학교 4학년 때 초4병이라는 반항의 시기를 겪었다. 둘째 아이도 작년 초4병을 거쳐 갔다. 내년이면 첫아이 중2병, 막내 초4병이 나를 기다리고 있다. 얼마나 어려우면 '병'이라는 단어를 사용했을까. 사춘기가 초4병에서 중2병으로 이어진다는 말이 무섭게 들린다.

초등학교 4학년이 되면 갑자기 어려워진 수학을 비롯하여 학습 스트레스가 가중된다. 학습 스트레스는 초4병 원인 중의 하나이다. 또한 부모와 아이 자신 사이에 학습 갈등이 생기게 한다.

첫아이는 학습 욕심이 많았다. 뜻대로 되지 않으면 짜증을 내곤 했다. 나 역시 현명하지 못해 짜증으로 받아치기도 했다. 특별한 대안이 없으면 엄마한테 누가 버릇없이 대하냐며 권위로 눌러버리는 일도 있었다. 아이는 학습 의욕이 더 떨어질 수밖에 없었다. 나는 아이의 어려움을 덜어주는 엄마가 아니라 아이의 학습 방해꾼이 되었다.

둘째 아이는 학습에 욕심이 없었다. 점수가 잘 나오지 않아도 별로 신경 쓰지 않았다. 잘하기 위한 노력도 하지 않았다. 학교에서 오면 가방 내려놓기 무섭게 자전거만 타고 나가 놀았다. 그리고 어두워져야 집에 들어왔다. 나의 속은 터져나갔다.

나의 경우에는 오히려 아이보다 나의 스트레스 지수가 높았다. 둘째 아이를 가만히 두지 못하고 학습에 대해 잔소리를 많이 했다. 나로 인해 둘째와 언성을 높인 횟수가 많았다. 엄마의 화풀이 정도로 받아들였는지 둘째 아이는 전혀 행동 변화가 없었다. 오히려 자전거를 타고 올 때 그렇게 행복한 얼굴을 하고 들어온다. 결과적으로 아이를 화풀이 대상으로 삼은 무식한 엄마가 되었다.

부모와 자식 관계에서 문제가 생기는 시기가 있다. 아이들의 자아가 성장하고 자신만의 세계를 만들어가는 시기가 바로 문제 발생 시점이다. 이 과정에서 분리된 자아로 행동하게 되는데 부모는 이것을 반항이라고 여기니 문제로 보이는 것이다. 이제부터는 아기가 아닌 청소년기에 접어드는 아이에게 부모는 새로운 관계를 정립하기 위해 노력해야 한다. 기존의 관계를 유지하기 위해 또는 부모의 입지 강화를 위한 행동은 어리석다. 아이에 대한 부정적인 시선은 아이를 위험으로 내몰고 있는 것과 같다.

내 아이가 지금부터는 아기가 아니라는 사실을 인정하고 나의 품에서 약간 벗어날 기회를 주어야 한다. 친구와 어울리며 즐거움을 나눌 기회는 아이의 마음에 여유를 선물한다. 엄마는 어려워진 학습에 흥미를 갖고 능력을 키울 시간을 주어야 한다. "엄마가 6학년 때 풀었던 문제를 4학년이 풀어야 하는구나. 너무 어렵겠다. 엄마라도 점수가 안 나오면 속상할 것 같아. 여유를 가지고 천천히 해보자." 등의 말은 아이의 마음에 공감해주기에 충분하다.

내 아이만 뒤처지게 될까 하는 급한 마음은 모든 것을 망친다. 부모의 기준으로 아이 마음을 멍들게 하지 말고 아이의 기준으로 생각하자. 이시기의 아이들에게 필요한 것은 학습 스트레스가 아니다. 아이의 모든 문제는 아이와 소통하지 못하는 부모, 선생님 등 어른에게 있다. 어른의 방식으로 아이들을 이해하려고 하면 이해하지 못한다. 내가 그랬던 것처럼 말이다. 아이에게는 공감해주는 부모와 친구가 필요하다. 아이는 공감해주는 사람과 소통하게 되고 비로소 마음의 문을 열게 된다. 아이는 인격체로 인정받으며 대화다운 대화를 하게 되는 것이다.

"엄마, 내가 축구 골을 5개나 넣었어."
"와! 너는 정말 축구에 소질이 있구나!"
"그런데 내가 드리블 하는데 A가 태클을 걸어서 넘어졌어."
"그래? 다친 곳은 없니?"
"엄마, 나 봐봐. 땀 정말 많이 나지? 정말 열심히 뛰었어요."
"그러네. 정말 열심히 뛰었구나."

축구를 좋아하는 둘째 아이와 나눈 대화이다. 내가 생각하기에 중요하지도 않은 내용인데 아이는 심각하게 이야기한다. 내가 만약에 "됐고. 빨리 씻기나 해."라고 했다면 아이는 어느 곳에 이런 신나는 이야기를 할까. 엄마를 기쁘게 하는 잘난 척이 잘 먹히면 아이는 엄마와 통한다고 느낀다.

미주알고주알 이야기하는 아이의 말을 들어주는 것이 소통의 첫걸음이다. "와우! 대단하다. 어떻게 됐어? 하하하." 이런 반응을 보여준다면 금상첨화다. 내가 마음을 열면 부모와 아이 사이에 믿음은 저절로 커진다. 나는 아이와 잘 통하고 서로 행복하면 그 이상 바랄 것이 없다. 이때 자식 키우는 재미를 느끼게 된다. 거창하지 않더라도 말이다.

세 아이를 키우는 나의 일상에는 바람 잘 날이 없다. 아이들이 성장하는 과정에서 알게 모르게 나는 실수를 많이 했다. 나의 기준으로 아이들을 제어, 통제하려고 하면 할수록 더 힘들기만 하였다. 신세 한탄에 처지 비관이 일상이었다. 사랑을 받아야 마땅한 아이들이 눈 밖에 난 아이들이 되는 것은 순식간이다. 이렇다고 자식 농사 망쳤다고 단정하기에는 아직 이르다. 자식 농사를 멈추지만 않는다면 아직 끝나지 않은 것이다.

부모도 사람이기 때문에 완벽할 수 없다. 아이와 대화 끝에 격한 감정을 보이기도 하고, 상황을 잘못 알고 아이를 야단치는 실수를 저지르기도 한다. 부모도 아이에게 실수할 수 있다는 것을 사과를 통해 인정할 때 아이에게 긍정적인 교훈을 줄 수 있다.

아이에게 있어 엄마, 아빠는 세상에서 가장 위대한 사람이다. 위대한 부모가 실수를 인정하는 것을 보고 '아, 부모님도 실수하는구나.' 하고 아이는 배움을 얻는다. 실수했을 때는 어떻게 사과를 해야 하는지 보고 느끼게 된다. 아이는 부모를 통해 세상 살아가는 법을 배우기 때문에 부모가 모범이 되어 보여준 것만큼 효과적인 양육은 없다.

나도 처음에는 아이에게 나의 실수를 순순히 인정하는 것이 어려웠다. '아이가 엄마를 우습게 생각하지는 않을까? 부모의 권위가 떨어지지는 않을까?' 등 여러 걱정이 앞섰기 때문이다. 처음이라 어려운 것이지 용기를 내서 한 번만 시도해보면 그렇게 어려운 일이 아니라는 것을 알게 된다. 오히려 아이가 나를 위로해주고 괜찮다고 포옹을 해준다.

부모도 열린 마음 아이도 열린 마음 상태가 되어야 소통이라는 것이 가능하다. 양육은 아이의 마음을 여는 작업이라고 해도 과언이 아니다. 공감, 감정소통, 칭찬 등을 하는 이유는 모두 믿음을 주고 마음을 열기 위한 것이다.

부모라면 모두 내 아이가 행복한 사람이 되길 원한다. 가정뿐만 아니라 사회의 일원으로서 행복한 삶을 바란다. 가정에서 부모와 통한다는 느낌은 사회에서도 이어진다. 아이는 소통하는 방법을 알기 때문이다. 아이에게 없는 무엇인가를 만들어주려고 하면 끝이 없다. 우리는 아이 내면에 있는 행복을 꺼내 쓸 수 있도록 돕는 역할을 해야 한다. 그래서 우리는 아이와 항상 소통할 수 있는 통로를 닫지 말고 열어두어야 한다.

06

워킹맘 육아는
전업맘 육아와 다르다

세 아이에게 어떤 엄마로 기억되고 싶은지 스스로에게 질문을 던져보았다. 이어서 내가 이루고 싶은 구체적인 꿈은 무엇인지 생각해보았다. 나이 40이 넘어서 '나'라는 존재에 대해 생각한 것이다. '누구 엄마', '누구 아내'로 사는 것이 나의 꿈은 아니기 때문이다. 나는 결혼, 임신, 출산, 육아 과정을 경험하면서 구체적인 꿈을 생각을 해보지 못했다.

나는 당장 다음 달 카드 대금을 걱정하며 사는 하루살이 인생이나 다름없었다. 그렇다고 해서 행복하지 않았던 것은 아니었다. 세 아이의 표정과 하루하루 성장하는 모습을 보는 하루하루는 그 어떤 때보다 행복한 순간이었다. 우리 가정의 경제적인 미래를 생각하기 전까지는 그랬다. 자본주의 사회에서 경제적 자유를 얻고 싶다는 욕망은 실현되지 않는 나의 희망일뿐이었다. 무엇보다 나의 아이들에게 하루살이 인생의 대물림은 멈추어야 했다. 내가 야심 차게 경제활동을 시작하며 가진 생각 중 하나였다.

나는 육아를 긴 인생 여정의 한 부분으로 보았다. 나의 인생에 육아를 접목해 새로운 생명이 독립할 수 있을 때까지 나의 소명을 다해야겠다고 다짐했다. 다양한 육아서가 나에게는 선생님과 같았다. 육아서의 내용이 나의 아이에게 잘 맞는 부분은 한 줄기 빛과 같았다. 하지만, 맞지 않는 부분에서는 내가 무엇을 잘못하는 것 같은 느낌을 지울 수 없었다. 나의 아이가 일반적이지 않은 이상한 아이처럼 다가오기도 했다.

아이들 모두 각자의 개성이 있다. 아이들 개성을 인정하면 육아가 뜻대로 잘되지 않더라도 불안하거나 조급하지 않아도 된다. 시중의 많은 육아서적에 나의 아이를 100% 맞추지 않았다. 육아에 참고할 목적으로 접근했다. 나는 일과 육아에 지칠 때면 희망과 좋은 에너지를 얻고자 자기계발서를 읽고 다시 일어났다.

나는 워킹맘으로서 전업맘의 육아 방법과는 달라야 했다. 보편적인 육아서를 접하면 절대적인 시간의 약점에서 헤어나오기가 힘이 들었다. '36개월까지는 엄마가 키워야 한다'는 내용의 책이 나의 가슴을 가장 아프게 하였다.

나는 돌 무렵부터 어린이집에 보내야 했기 때문에 아이에게 미안한 마음만 가중되었다. 죄책감까지 들었다. 현재 나의 양육은 부정적인 양육이 될 수밖에 없는 분위기로 흐른다. 나의 처지에 맞추어 효과적인 육아법이 필요했다. 그러므로 육아서의 정보에 냉정한 판단을 내려야 했다.

36개월까지 부모의 품에서 자라야 하는 가장 큰 이유는 애착이다. 주 양육자와 애착 형성으로 아이의 정서 안정을 위한 육아법이다. 아이가 어릴 때 나는 저녁 시간을 애착 형성하는 시간으로 할애했다. 내가 하는 일이 책 관련 일이므로 엄마 무릎 독서로 세 아이들의 애착형성을 도왔다. 책 내용을 이해시키기보다 정서적으로 교감하는 시간으로 만들었다. 인지 관련 서적보다는 아이 마음을 대변해주고 공감해주는 서적을 이용했다.

사실 책을 이용한 나의 속내는 따로 있었다. 똑똑한 아이로 키우고 싶은 나의 욕심이 컸다. 처음에 인지·지식 관련 책을 들이댔던 이유다. 아이는 순수하고 정직했다. 역시 엄마의 선생님이다. 아이가 진짜 원하는 책은 아이의 정서를 공감해주는 책이었다. 정서적인 책이 필요한 아이에게 엄마 고집으로 가르치려고만 했던 내가 부끄러웠다. 많은 것을 깨닫고 엄마로서 조금씩 성장하는 기회를 준 아이들은 나의 선생님과 같다.

경쟁 시대에 똑똑한 아이들이 유리하기도 하지만 '4차 산업혁명 시대'는 다르다. 똑똑한 사람 대신 똑똑한 인공지능이 사람을 대신해 일하게 된다. 인공지능에게 일을 빼앗긴다는 것은 재앙에 가까운 수준이다. 즉, 인간만이 가진 고유 능력을 개발해야 살아남을 수 있다. 이런 측면에서 나의 아이들이 공부를 잘하지 않아서 정말 다행이다. 공부 외에 다른 재능이 숨어 있을 것이기 때문이다. 인공지능과 대결할 수는 없지 않은가?

공부 잘해서 좋은 대학을 졸업하는 스펙은 예전만큼 대단한 것으로 보지 않는다. 박사 실업자가 많다는 것도 누구나 다 아는 사실이다. 공부에 재능이 없다고 포기하지 말아야 한다. 부모는 다른 재능을 발굴하고 계발할 수 있도록 도와야 한다. 열린 마음으로 응원하고 도전하는 아이들을 기쁘게 지지해 주어야 한다.

나의 세 아이 중 둘째 아이는 공부에 흥미가 없다. 나는 잘 안되는 것은 아빠를 닮아서 그렇다고 핑계를 대곤 한다. 둘째 아이는 공부 대신 몸을 쓰거나 바퀴가 달린 탈 수 있는 것은 모조리 좋아한다. 약간 위험하다 싶은 것도 겁 없이 도전하는 근성이 훌륭하다. 도전하는 근성은 나를 닮았다고 하면 남편은 억지라고 말한다. 결국은 아이의 칭찬 앞에서 남편은 나를 추켜세워준다. 나는 아이가 도전하는 근성은 아빠를 닮았다는 것을 잘 알고 있다.

둘째 아이의 학교 선생님과 상담을 해보면 학습에 문제 제기를 많이 하신다. 제일 멋진 나의 아이가 열등생으로 떨어지는 순간이다. 안 그래도 본인은 이미 스트레스를 받고 있을 텐데 나는 아이에게 공부 좀 하라는 말로 스트레스를 더한다. 그렇게 한다고 흥미 없는 공부를 하게 되는 것이 아닌데도 말이다. 나는 아이의 기를 한 번 더 꺾어버린다. 어쩌면 아이도 제대로 못 키우는 엄마로 낙인이 찍혀버린 나 자신에 대한 화풀이를 했는지 모른다.

둘째 아이가 4학년을 마치고 '생활통지표'를 받아왔다. 그동안 학습 지적이 많았던 터라 별 기대 없이 학교에서 잘 생활했는지를 살펴보았다.

'남들이 하기 싫은 일에 앞장서는 태도가 돋보이고, 사교성이 좋고 인간적인 친화력이 뛰어남.'

세상에 마상에, 이렇게 훌륭한 생각과 태도를 가진 아이가 내 아이라니, 감사한 마음과 함께 정말 기뻤다. 최고의 칭찬을 받았다며 아이를 꼭 안아주고 사랑한다는 말을 해주었다. 둘째 아이는 어깨를 으쓱한다.

아무리 인공지능이 대세라 할지라도 인간적인 친화력, 남들이 하기 싫은 일이라도 스스로 과감하게 선택하는 착한 심성은 인공지능이 대체할 수 없다. 둘째 아이의 착한 심성이 재능 중에 최고 재능이라고 생각한다. 착한 심성은 사람을 감동하게 만드는 마력이 있기 때문이다. 바보라서 남들이 하기 싫은 일을 하는 것이 아니다. 오히려 계산하여 이해타산을 따지는 성인보다 훨씬 나은 아이인 것이다. 인생의 중요한 것을 깨닫게 해주는 아이가 나의 진짜 스승인 이유이다.

워킹맘으로서 육아를 한다는 것은 부담감이 없을 수 없다. 왠지 모르게 아이가 더 안쓰럽게 느껴져 더 잘 키우고 싶은 마음이 커진다. 전업맘도 나름의 고민과 숙제가 있고 양육에 대한 부담이 있다. 나의 상황을 비교하는 자세는 뒤로 미뤄두자. 겉으로 드러나 보이는 것이 다가 아니다. 보이지 않는 것이 더 중요하다는 것을 기억하자.

매 순간 양육자가 품는 좋은 생각, 일과 양육을 대하는 마음가짐이 제일 큰 비중을 차지한다는 사실을 잊지 말아야 한다. 양육자의 마음이 생활 태도로 나타나고 아이는 모방하고 재연을 통해 삶을 배워나간다. 생각의 전환을 하면 양육에 대한 부담감이 자신감이 된다. 자신을 믿고 자신감으로 밀어붙이자.

07

아이에게
죄책감을 버려라

"얘야, 애 잘 키우는 게 돈 버는 것이야. 애가 너무 어려. 없으면 없는 대로 살아."

시어머니는 내가 일한다고 했을 때 우려의 말씀을 했다. 틀린 말씀은 아니다. 나는 없으면 없는 대로 살기 싫었다. 나는 없어도 살지만 아이 만큼은 풍족하지는 않더라도 적기교육은 해주고 싶었다. 내가 일을 시작하게 된 가장 큰 이유는 경제력이었다. 남편의 부담도 덜고 아이에게 독서교육을 배워서 적용하고 싶었다. 모든 것이 생각하는 대로 돌아가면 무슨 걱정인가? 변수는 항상 발생했다.

워킹맘에게 너무나도 익숙한 감정은 아이를 양육하면서 갖게 되는 죄책감이다. 아이를 제대로 돌보지 못하고, 아이를 방치해 제대로 된 교육을 해주지 못하고 있다는 죄책감이다. 죄책감은 워킹맘에게 삶의 무게를 더 가중하는 결과를 초래한다. 집에서 나쁜 엄마가 되고 회사에서는 가정일이라도 생기면 눈치를 보게 되니 마음 편할 날이 며칠이나 될까.

남편과의 갈등은 내 야근업무로 시작되었다. 열심히 일했을 뿐인데 가정에서도 눈치를 보게 되었다. 하루는 야근업무 후 늦게 퇴근했는데 남편은 나를 냉대했다. 가부장적인 생각에서 비롯되었던 것이었다. 놀다가 늦은 것도 아닌데 단순히 집에 늦게 왔다는 이유였다. 결국 열심히 일하고 퇴근하면 나는 현관 앞에 들어서면서 이렇게 말했다.

"애들아, 엄마가 늦었지? 미안해. 밥은 먹었어?"

사실 남편에게 하는 말이었다. 잦은 다툼으로 남편의 냉대함은 나아지긴 했지만, 여전히 나는 죄책감이 크다. 죄책감을 느끼면서 살면 스트레스로 인해 남편과의 갈등도 커질 수밖에 없다. 사랑만 주어도 부족한 아이들이 부정적인 환경에 노출되는 것은 악순환의 결과를 초래할 뿐이다.

나는 외부의 자극에 민감한 편이다. 내면의 소리에는 귀 기울지 않고 무시하는 경향이 있었다. 이제는 내가 바로 서야 했다. 나 스스로 질문을 했다.

'죄책감을 느끼는 이유가 정말 내 잘못 때문일까?'

내가 워킹맘을 선택한 이유는 일할 수밖에 없는 상황으로 내가 선택한 것이었다. 그렇다면 죄책감이라는 감정에서 빠져나와야 했다. 내가 앞으로 어떻게 살아갈지에 대한 고민을 먼저 하는 것이 맞는 것이다. 부정의 감정에 갇혀서는 전진할 수 없다는 것을 깨달았다.

2018년 어느 날이었다.

"자기야, 나 아침 일찍 일어나서 얼마나 바쁜지 알아? 아침밥 챙기고 아이들 등교, 등원 준비하고 나 출근 준비하고 아이들 어린이집, 유치원 보내고 9시에 출근하고 나면 진이 다 빠져서 오전 일하기가 힘들어. 자기는 7시 30분에 일어나서 챙겨 주는 밥 먹고 씻고 출근하면 끝이잖아. 내 입장 생각해봤어? 요즘에 내 몸이 많이 아파. 아침에 일어나면 어지럽고 구토할 것 같아. 힘이 하나도 없어."

"…"

내가 말하지 않아서 남편은 미처 생각해보지 못했다. 남자들은 콕 찍어서 말해주지 않으면 몰랐던 것이었다. 먼저 알아주기 바라면 언제 알아줄지 모를 일이다.

나의 어머니가 무조건 헌신했듯이 나 또한 육아, 살림은 공동의 일이 아니라 나만의 일이라는 생각이 잠재의식 속에 있었다. 잠재의식이 무서운 것이 지금까지도 '남편의 도움'이라고 인지하는 것이다. 원래는 함께하는 것이 맞는데 어색하기만 하다. 나의 일을 미루는 것 같은 느낌에 찜찜하기까지 하다.

어찌 되었든 내가 살기 위해서는 남편의 적극적인 참여가 절실했다. 남편은 나의 상황을 듣고 남의 편이 아니라 내 편이 되어주었다. 변화한 남편은 나의 숨통이 트이는 일상을 만들어주었고 남편은 나와 함께하는 진짜 동반자가 되었다. 밥 대신 빵을 준비해주기도 하고 나보다 훨씬 더 다양한 아침을 준비해주었다. 덕분에 내가 미친 사람처럼 이리저리 뛰어다니지 않아도 아침 시간이 여유로워 행복했다. 아이들도 안정된 하루를 시작할 수 있는 아침 시간이었다. 아이들은 아빠의 특기를 '요리'라고 당당하게 말한다.

나는 아이들을 내가 일하는 일터에 자주 데리고 갔다. 엄마가 일하는 곳이 어떤 곳인지 알려주기 위해서였다. 그러면, 엄마가 직장에 다닌다는 것의 의미를 조금이라도 이해할 수 있을 것 같았기 때문이다. 아이들이 엄마를 믿고 정서적인 안정감이 생기도록 해주고 싶었다. 세 아이들은 엄마가 일했던 직장을 모두 잘 알고 있다. "엄마가 아직 일이 남아서 늦어."라고 해도 아이들은 불안해하지 않았다. 오히려 "엄마 돈 많이 벌어와."라고 부담을 주었다.

지금 아이와 함께 하는 시간이 적어서, 또는 아이에게 잘못하는 것 같아서 죄책감을 갖지 말자. 나의 상황에 맞추어 흔들리지 말고 담대하게 나아가자. 엄마가 열정적으로 일하는 모습은 분명히 아이에게 긍정적인 영향을 미칠 것이다.

워킹맘이라는 긴 터널을 이제 막 들어선 엄마, 중간지점을 통과하는 엄마, 터널을 빠져나온 엄마, 각자 처한 상황은 다르다. 오랜 경험을 한 워킹맘 이야 기를 들어보면 대부분 일하길 잘했다고 한다. 희망적이지 않을 수 없다.

나의 세 아이에게 "엄마가 일을 그만두면 어떨까?"라는 질문을 해보았다. 세 아이 모두 일을 그만두는 것을 반대해서 놀라웠다. 엄마가 옷을 갖추어 입고 일하는 모습이 멋있다는 이유이다. 엄마가 립스틱 하나만 발랐을 뿐인 데 아이들은 엄마를 달리 본다. 아직 겉모습만 볼지라도 아이들의 눈엔 일하 는 우리 엄마가 최고로 보인다.

실제 아이들이 초등학교 때까지만 성장해도 일하는 엄마를 자랑스럽게 생 각한다는 의견이 많았다. 워킹맘 자녀들의 자립심 또한 튼튼했다. 이래도 워킹맘이라서 '부족한 엄마'로 죄책감을 느낄 필요가 있을까. 오히려 '나는 대단한 엄마야.'라고 칭찬하고 밝고 당당한 모습으로 바로 서자.

내가 첫아이의 돌 무렵부터, 일하면서 눈물 콧물 다 뺐던 이유는 바로 시간이었다. 절대적인 시간 앞에서 무릎을 꿇지 않을 수가 없었다. 24시간 중 잠자는 시간 빼고 아이와 함께하는 시간은 길어야 4시간 내외였다. 나에게 주어진 시간이 더 있다면 더 많이 놀아주고 더 안아주고 할 수 있을 것만 같았다. 평일에 일할 때만 갖는 이상한 심리다. 시간 많은 주말에 그렇게 해주면 될 것을 주말은 왜 그리 바쁜지. 또 시간 핑계를 댄다.

결론은 선택과 집중의 마음인 것이다. 시간 논리로 아이를 더 잘 키울 수 있다는 집착은 이제 벗어나야 한다. 워킹맘 대부분이 죄책감을 느끼는 시간은 핑계다. 시간이 많다고 결코 아이를 더 잘 키우는 것은 아니다. 우리가 집중해야 할 것은 엄마의 마음, 부부의 행복한 모습, 양육의 질이다. 나는 워킹맘의 긴 터널을 지나오며 나의 선택이 옳았다는 것을 확신했다.

세 아이를 키우는 워킹맘의 행복한 육아 이야기

08

조금 나쁜 엄마가 되더라도
행복한 사람이 되어라

사람은 누구나 행복하고 기쁨이 넘치는 삶을 살 수 있는 능력을 지니고 태어난다. 반대로 이기심, 공격성, 통제 불능의 무능함도 지니고 태어난다. 전자의 능력을 자극하고 성장하는 사람은 행복한 삶을 살아간다. 후자의 능력을 자극하면 삶에 불행이라는 타이틀이 붙게 된다.

아이들은 부모를 완벽한 존재, 자기에게 좋은 것만 주는 존재로 믿는다. 대부분, 아이들은 보통 자신을 돌봐주는 사람과 똑같은 사람이 되고 싶어 한다. 인간은 사랑받고 싶어하고 사랑하고 싶어하는 낙관주의자로 세상에 태어나기 때문이다.

만약에 부모가 잘못된 양육법을 따르거나 아이에게 많은 것을 기대하게 된다면 아이는 자신도 모르는 사이에 자신이 느끼는 불행과 사랑하고 사랑받는 것을 같은 것으로 착각하게 된다. 아이는 계속해서 불행을 만들어내게 된다. 사랑받기 위함 때문에 행복과 불행을 혼동하는 성인으로 성장하는 것이다.

엄마의 내면에 행복의 탈을 쓰고 있는 불행이 있다면 나의 자녀 사이에 악순환은 끊어야 한다. 그러기 위해서는 엄마 자신의 내면에 있는 열등감, 분노, 억울함 같은 부정을 자각해야 한다.

선천적인 자극이 부정적인 불행에 많이 노출되었다면 '불행해지고 싶어하는 무의식적인 욕구'로 변한다. 인간은 익숙한 것에 익숙할 때 행복감을 느끼기 때문이다. 우리는 선택해야 한다. 불행에 익숙한 아이로의 성장을 도울 것인지 행복에 익숙한 아이로 성장하도록 도울 것인지 말이다.

옛말에 "첫딸은 살림 밑천이다."라는 말이 있다. 나의 부모님은 주변 사람들에게 맏딸을 둔 것에 대한 칭찬을 많이 받았다. 그 살림 밑천이 바로 나이다. 부모님은 나에게 드러내놓고 무엇을 기대하거나 바라지 않았다.

나는 맏이 자체로 부담이 있었던 것 같다. 어릴 적부터 '애늙은이'라는 말을 많이 들었다. 그 당시 고생하시는 부모님께 당연히 해야 하는 일이라고 생각했다. 동생 돌보기, 청소, 손빨래 등 집안일을 엄마를 대신해서 했다. 성인이 되어 곰곰이 생각해보니 부모로부터 좋은 반응을 얻어내고자 했던 내 욕구를 만족시키기 위한 것이 컸기 때문이라고 생각한다. 칭찬을 유도해서 정서적인 안정을 받고 싶은 어린 마음이 다였다.

내가 상업계 고등학교를 택한 이유도 부모님을 돕기 위함이 가장 컸다. 공사장에서 힘들게 일하시는 아버지에게 대학등록금 부담을 덜고 싶었다. 내가 인문계 고등학교를 포기하면 아버지의 부담도 줄어들기 때문이다.

일찍이 돈을 벌어서 집에 보탬이 되고 싶은 마음이 컸다. 모든 선택은 나의 선택이었지 부모님은 강요하시지 않았다. 항상 미안한 마음만 내비치셨다. 아버지는 세월이 흐른 지금도 미안한 마음에 눈물을 종종 흘리신다.

사회생활을 할 때도 내가 손해 본다는 생각으로 임했다. 그래야 마음이 편했기 때문이다. 나 스스로에 대한 욕심은 맞지 않은 옷을 입은 것 같았다. 나는 희생, 구원자 역할을 할 때 기분이 더 좋았다. 나를 위한 일보다 남을 위한 일에 최선을 다했다. 사회생활을 하면서 몸과 마음이 지칠 때도 있었지만 나는 거부라는 것을 할 줄 몰랐다. 나의 것을 취하는 것이 아니고 다른 사람을 위하는 일이라면 어지간한 일은 수용했다.

나는 내가 희생자, 구원자 역할을 할 때 고통, 힘듦이 진정한 사랑이라고 믿었다. 어려운 사랑이 행복이라고 혼동하면서 어린 시절을 보냈기 때문이다. 나의 부모님도 우리 삼 남매에게 헌신적이고 힘든 삶을 사셨다. 나 역시도 내가 희생하는 행동은 옳다고 생각하며 살아왔다.

불행이 옳고 그것을 행복으로 받아들였다는 것을 나이 40살이 넘어서 깨닫게 되었다. 내가 행복이라고 생각한 익숙한 불행의 조각들이 오랜 세월 모이자 삶이 팍팍하고 어렵게 느껴졌다. 지긋지긋한 삶으로 변화하는 것이었다.

내가 악순환을 끊어야 한다. 아이들에게는 나의 잘못된 행복 인식을 대물림하지 말고 바로잡아주어야 한다. 자기 자신을 희생자로 만드는 삶은 결국 내가 원하는 삶을 방해한다.

내가 즐겁게 일하고 행복한 삶을 살기 위해서는 좋은 감정을 갖도록 의식을 해야 한다. 행복한 삶을 더욱더 견고하게 다지고, 타인에게 해를 끼치지 않는 삶을 추구하자. 아이들이 가짜 행복이 아니라 진짜 행복을 느끼며 살아가도록 인도해야 한다.

인생의 주인은 바로 자기 자신이다. 감정이 외부에서 오는 것처럼 느낄 수도 있겠지만 감정을 만들어내는 사람은 자신이다. 좋은 기분을 선택할 수 있는 힘은 자신에게 있다. 내가 행복한 감정을 선택하고 누릴 권리가 있다.

퇴근 후 새로운 것을 배우는 일, 모임, 회식 등이 발생하면 아이들 핑계를 대고 거절했다. 하기 싫어서가 아니다. 나는 새로운 것을 배우는 일에는 생기가 넘칠 정도로 좋아한다. 자주는 아니더라도 친목 도모를 위한 모임도 갖고 싶고 회식 자리도 참여하고 싶다. 결과적으로 마음이 불편하다는 이유로 거절하는 것이다. 신경은 아이들에게 쏠려 있기 때문에 가시방석에 앉아 있는 기분이 든다. 여전히 나를 위한 일을 하면 나쁜 엄마가 된다고 생각했다.

어느 날, 그동안 너무 배우고 싶었던 바리스타 자격증 취득에 도전해보기로 결심했다. 혼자 하기 적적하다는 직장 동료의 권유가 있었다. 거절하지 못했다는 이유도 있었지만, 진심으로 하고 싶었던 공부였기 때문에 기쁘게 시작했다.

역시 새로운 배움은 나를 설레게 한다. 나에게는 설렘이 행복한 시간인 것이다. 아이들 학원비를 생각하면 절대 시작할 수 없지만, 경제적, 시간적 여유를 차치하고 등록했다.

화요일, 목요일에는 2시간이라는 시간이 어떻게 흐르는지 모를 정도로 매우 흥미롭고 머리가 맑아지는 시간을 보냈다. 하고 싶은 공부를 한다는 것은 퇴근 후 몸의 피곤함도 날려버리는 신기한 마력이 있다.

바리스타 자격증 시험을 보는 날에는 아이들의 응원까지 합세하여 더 행복했다. 아이들에게 바리스타 자격증을 당당하게 내밀자 아이들 눈에 빛이 났다. '우리 엄마는 무엇인가를 할 줄 아는 사람이구나.'라고 느끼는 것 같았다. 큰아이가 바리스타 자격증을 책상에 세워두고 기뻐해주었다. 결혼 후 처음으로 거금을 들인 나의 첫 수업은 진짜 행복이 무엇인지 깨닫게 해주었다.

엄마가 성취하는 기쁨과 행복은 아이들에게 그대로 전달된다는 말이 맞음을 나는 몸소 체험했다. 마음 깊은 곳에서 진짜 행복이 올라오면 얼굴에 행복한 미소가 환하게 번지게 된다. 거울 효과로 아이들 얼굴에 그대로 비추어지는 것이다. 아이들과 눈 맞추며 함께 행복했다.

저녁 식사를 남편과 아이들이 직접 스스로 준비하게 하고 온전한 나만의 시간을 할애할 때에는 이기적인 나쁜 엄마 같았다. 다른 사람을 위해 몸을 혹사하는 가짜 행복을 벗어나야 했다. 습관성 가짜 행복에서 벗어나는 길만이 아이들에게 진짜 행복을 가르쳐주는 것이었다.

나는 나 자신을 위해 자금과 시간을 투자하는 것이 진짜 행복이라고 생각했다. 나는 특히 단 한 번만이라도 이기적일 만큼 온전히 나를 위한 행복에 투자하기로 결심했다. 그렇지 않으면 가짜 행복이 또 나의 발목을 잡을 것이 뻔했기 때문이다.

내가 진짜 행복해야 아이들도 진짜 행복을 느낀다. 나의 이기적인 투자는 결과적으로 세 아이의 진짜 행복에 투자한 셈이었다.

· **4장** ·

아이 마음에
상처 주지 않는
8가지 기술

아이에 대한
공감 능력을 키워라

여러분은 아이에게 밝고 긍정적인 세상을 보여주기 위해 어떤 고민을 하는가? 원만한 대인관계? 자존감? 성공? 그 무엇이 되었든 아이가 행복하게 살기를 원하기 때문에 고민한다. 나 역시 '세 아이의 행복을 위해서 내가 해야할 일이 무엇일까? 무엇을 가르쳐야 잘 가르치는 것일까?' 등의 고민이 많은 엄마이다.

아이 또래 친구의 엄마와 대화를 나누다 보면 긴 시간이 흐른다. 유익하기도 하지만 함께한 시간만큼 실속 있는 대화는 극소수다. 스트레스 해소로만 생각하면 그나마 다행이지만 검증되지 않은 정보를 사실인 것처럼 받기도 한다. 학교에서 우등생 자녀를 둔 엄마의 말은 무한 신뢰한다. 그 엄마 말대로 하면 내 아이도 우등생이 될 것 같은 착각에 빠지기 때문이다.

지금까지도 많은 사람들은 우리 사회에서 우수한 성적을 받는 것이 성공의 지름길이라고 믿는다. 만약 성공을 학업 성취로만 정의하면 측정이 쉽지 않은 분야에서 앞으로 공헌할 수 있는 아이들을 제대로 발굴하지 못하게 된다.

학창시절에 공부를 잘한 친구들과 그렇지 못한 친구들을 떠올려보면, 40대가 되면 성적이 아무런 의미가 없다는 생각이 든다. 놀기만 하던 친구도 사업체를 운영하며 잘살고 있다. 반면에 공부 잘한 친구들이 다 잘 사는 것도 아니다. 아이들이 인생을 살아가는 동안 꼭 필요한 요소들을 챙길 수 있는 종합투자가 이루어져야 한다.

'행복하게 사는 것'에서 '잘 사는 것'으로 관점을 바꾸어보자. 인생을 살다 보면 우리가 아무리 아이들을 보호하고 잘 관리한다고 해도 어쩔 수 없이 어려움은 생기기 마련이다. 정신적으로, 심리적으로, 인지적으로 성장하는 것은 고난을 극복하며 인생을 헤쳐 나간다는 뜻이다.

행복하기만 바라면 고난을 겪는 어려움에 대처하지 못하게 된다. 따라서 고난에 대처할 수 있는 기술과 자생력을 길러주어야 한다.

아이의 적성과 재능을 발달시켜준다고 자아감이 성장하는 것이 아니다. 아이가 세상과 맺는 상호관계가 자아감 형성에 영향을 미친다.

요즘 부모들은 배울 만큼 많이 배웠고 원하는 정보를 언제 어디서든 얻을 수 있다. 인터넷이 되었건 옆집 엄마가 되었건 정보 얻기는 쉽다. 나아가 인공지능이 지배하는 세상이 확대되어 지식, 정보는 누구나 상식처럼 알 수 있게 되었다. 이제는 학업 성적에 열을 올리는 미련한 엄마를 탈피해야 한다. 아이에게 인공지능이 인간을 대신해서 할 수 없는 능력을 키워주어야 한다. 우리 아이들은 현재 직업의 50%가 없어지고 새로운 직업이 생겨나는 시대를 살아가게 될 것이다. '사'자 들어가는 직업을 고집하지 말아야 한다.

아이들에게 공감 능력을 키워주는 것이 급선무이다. 가상 세계의 게임을 잘 살펴보면 상대방을 이기기 위해서는 총과 칼을 이용하여 상대를 죽여야 승리하는 게임이 난무한다. 자신이 이기는 것이 게임의 목적이기 때문에 잔인함이나 연민과 같은 감정이 개입되지 않는다. 폭력적인 영화만 봐도 잔인한데 폭력에 표정 변화 없이 아무렇지 않게 반응한다는 것은 공감 능력이 키워지지 않았기 때문이다.

공감 능력이란 다른 사람의 입장이 되어서 감정을 이해하는 능력을 말한다. 이에 맞추어 적절하게 대응하는 것도 포함된다. 어른임에도 공감 능력이 모두 발달한 것은 아니다. 아이를 낳고 초보 엄마부터 시작하는 이때 아이에 대한 공감 능력도 초보라고 생각하면 된다. 공감 능력은 시간이 지나면 저절로 생기는 것이 아니다. 노력함으로써 성장하는 능력이다. 내가 가지고 있는 정보, 지식을 활용하여 지혜로운 엄마가 되는 과정에서 형성된다.

회사에서 일할 때 공감 능력에 따라 업무 속도와 정확도가 다르다. 어느 직원은 자신만의 입장에서 원하는 것을 생각하고 일을 한다. 같은 업무 지시를 내려도 결과가 다르다. 안타깝게도 일 잘하는 사람과 일 못하는 사람이 구분된다. 학창시절 성적과 업무 능력은 비례하지 않는다. 다만 공감 능력은 긍정적인 성향으로 변화하도록 이끌어준다. 때문에, 공감 능력과 긍정적인 성향은 서로 좋은 영향을 끼친다.

아이를 키우는 부모로서 공감 능력은 절대적이다. 건강한 의사소통을 위한 첫 단추이다. 아이의 메시지에 공감하는 반응을 보인다면 아이는 계속 신나게 말을 한다. 아이의 입장에서 볼 때, 내 감정에 공감하는 부모가 있다는 것은 아이 스스로 건강한 가족의 한 구성원이라는 소속감을 느끼게 해준다.

"정말 미안해. 네가 당황해할 줄은 몰랐어."
"네가 엄마에게 사랑한다고 말해주니 정말 기분이 좋아."
"내가 실수한 것에 대해 화내는 건 충분히 이해해."

"그래. 시험 점수를 높게 받지 못한 것이 실망스러울 수도 있어."

"네가 어떤 이유로 화났는지 정말 궁금해."

이런 대화 방법으로 아이의 감정에 그대로 공감한다. 당황한 마음, 기쁜 마음, 화난 마음, 실망한 마음을 그대로 공감하고 있다. 이러하듯 좋은 감정뿐 아니라 나쁜 감정까지도 공감하여 소통의 문을 항상 열어두어야 한다.

나의 세 아이는 열 달 동안 같은 배 속에 있다가 나왔어도 성향이 확연하게 구분된다. 지금까지 딸아이와 공감하는 대화는 그리 어렵지 않다. 반면에 아들들은 공감하기 어려울 때가 있다. 활동성향이 강해 어두워질 때까지 축구하고 늦게 들어오는 것, 자전거 타며 묘기 부리는 것, 팔이 아프도록 딱지치기 하는 것, 인라인 시합하는 것, 숙제 안 하는 것 등을 공감하는 일은 쉽지 않다. 신나게 놀고 와서는 당당하고 기분이 좋아 보인다. 나의 속은 말로 표현하지 못할 만큼 속상하고 화가 난다.

나는 잔소리를 하며 공감은커녕 대화를 단절하는 주범이 되고 만다. 나의 두 아들 녀석은 축구경기에서 골 넣은 일, 자전거 묘기 성공한 것, 딱지치기로 딱지 딴 것, 인라인 시합에서 이긴 것, 숙제는 할 것이라는 것에 대한 공감을 충분히 받아야 했다. 대화를 한다는 것은 좋은 감정, 나쁜 감정에 대한 조건이 없어야 하기 때문이다.

아이의 좋은 감정에만 공감하려 한다면 아이는 나쁜 감정에서는 방어 행동으로 거짓말을 하게 되고 절망감으로 휩싸인다. 급기야 강박적, 충동적인 성향이 강화되고 우울 증세까지 보이게 된다. 단란하고 행복하게 살아가기 위해서는 건강한 관계가 필수조건이다. 아이를 개개인의 주체적인 존재를 조건 없이 인정하자. 부모가 아이 마음에 공감하는 능력은 아이를 지지하고 뒷받침해준다.

부모는 아이의 특정한 행동이나 업적 때문에 사랑하는 것이 아니라 있는 그대로의 모습을 사랑해야 한다. 이것이 진정으로 공감하는 관계를 만들어 공감 능력을 발휘하는 것이다. 공감 능력이 있는 부모는 자기 자신을 소중히 여기고 사랑하는 사람들이다. 따라서 자기 생각을 배우자나 아이들에게 강요하지 않게 된다. 또한, 상대방의 욕구도 세심하게 살피는 부모가 된다. 아이를 진정으로 사랑한다면 조건 없는 공감 관계를 형성하고 공감 능력을 키우는 것을 우선순위에 두어야 한다.

화내지 않는 아이를 만드는 워킹맘 육아 원칙

나의 아버지는 순간 화가 치밀어 오르면 참지 못하고 욱하는 경우가 많았다. 그 화를 어머니에게 쏟으시면 무섭기도 했고 안타까운 감정도 들었다. 표정에서 힘든 삶이 보였기 때문이다. 어린 시절 나는 욱하는 아버지를 이해할 수 없었다. 아버지처럼 욱하지 말아야겠다고 다짐하는 것이 끝이었다. 어쩌면 이해하려 하지 않았던 것이 맞다.

나는 아이들에게 아버지와 똑같은 행동을 하면서도 아버지와는 완전히 다른 사람이라고 생각했다. 욱하는 아버지를 받아들이지 못하고 분노하고 증오했다. 아버지를 받아들이지 못한다는 것은 곧 나를 받아들이지 못하는 것이다. 아버지가 내 안에 있기 때문이다. 이런 아버지를 이해하기 위해서는 나 자신을 먼저 이해하고 대화를 열어야 한다. 자신을 사랑하지 않으면 남을 사랑할 수 없다. 자신을 받아들이지 못하는 사람은 다른 사람에게도 마찬가지로 행동을 한다.

어느 날 꿈을 꾸게 되었는데 나는 아버지와 싸우고 있었다. 내가 화를 내고 아버지는 듣고만 있는 일방적인 싸움인 것이다. 꿈에서 나는 아버지에게 고성을 지르며 가슴에 품고 있던 말들을 하고 있었다. 심지어 아버지를 주먹으로 폭행까지 하는 게 아닌가. 살면서 주먹 한번 휘둘러보지 않은 나인데… 아무리 꿈이라지만 너무 죄책감이 들었다. 그날은 하루 동안 내내 기분이 좋지 않았다.

내가 이런 꿈을 꾼 이유를 생각하게 되었다. 실제로 나는 가슴속에 아버지에 대한 불평, 불만, 화가 내재되어 있다는 것을 깨달았다. 내가 꿈속에서 아버지에게 내뱉었던 말들은 아버지가 어머니에게 화를 내실 때 내가 느꼈던 감정들이었다. 감히 아버지께 대들 수 없었기 때문에 30년 동안 안고 살았다는 것을 알게 되었다.

아버지는 자신이 화내는 행위를 이해하지 못하고 외부 탓을 했다. '~때문에 화가 난다. ~가 나를 화나게 했다.' 등의 이유로 화를 내셨다. 나는 아버지를 사랑한다. 단지 관계를 유지하는 기술이 부족했고, 서로 말을 하고 상대방의 말을 듣는 방법을 몰랐을 뿐이다.

　사람이 살아가면서 화를 참기만 할 수는 없다. 그렇다고 매번 화를 참지 못하고 발산하는 것은 더 어리석은 일이다. 특히 아이들에게 화를 낼 때는 신중하고 현명해야 한다. 나의 화는 아이의 화와 같다는 것을 인지해야 한다. 그러면 우리는 아이에게 동정의 감정을 가지게 된다. 그렇지 못하면 화와 맞서 싸우게 되는 악순환을 끊을 수 없다. 내가 그랬던 것처럼 나의 아이들이 나로 인해 분노를 느끼게 될 수도, 사랑을 가진 아이가 될 수도 있다. 이것이 화를 잘 보살피고 다스려야 하는 이유이다.

　나는 회사에서 유난히 힘든 날이면 퇴근해서 그냥 쉬고 싶을 때가 있다. 하지만 그럴 수 없는 현실이다. 저녁 준비, 아이들 알림장 체크, 빨래, 청소 등 끝이 없는 일들의 반복이다. 나는 현관에 들어서는 순간 집안 꼴을 보고 짜증부터 내고 시작했다. 결국, 나도 아버지처럼 순간 화가 치밀어 올라 아이들에게 소리치고 있었다. 밖에서 나의 큰소리를 누가 듣는다면 미친 엄마가 분명하다. 나는 아이들과 한 몸이라는 사실을 깨닫지 못했을 때는 아이들을 억압하거나 맞서 싸우는데 열을 올렸다. 내 뜻대로 되어야 직성이 풀렸다. 나는 정말 무식했다.

　나는 책을 쓰지 않았다면 아이들과 원수가 되었을지 모른다. 책을 쓰는 과정에서 나의 부족한 점과 올바른 방향을 깨닫게 되었다. 나의 마음에는 화만 있는 게 아니다. 애정도 있다. 내가 화를 잘못 다스리고 애정표현을 자주 하지 않는다면 화가 불쑥 나오게 된다.

마음속에서 화가 일어날 때 1부터 10까지 세어보자. 이것은 심호흡할 시간을 갖으라는 의미다. 숨을 들이쉴 때 나는 내 마음속에 화가 있다는 것을 인지한다. 반대로 숨을 내쉴 때 나는 그 화를 잘 보살피고 있다고 느낀다. 이렇게 의식적인 호흡을 실천하면 자각의 에너지가 생성된다. 자각하면 화를 끌어안을 수 있다. 나의 아이에게 이렇게 적용하는 것은 애정을 실천하는 부모가 되는 것이다.

시어머니는 화를 참고 사신 내공이 엄청나신 분이다. 부엌에서 함께 음식을 준비하면서 화나는 일이 생기면 그릇을 던지듯이 큰 소리 몇 번 내면 끝이다. 혼잣말로 긍정의 말을 하시며 스스로 승화시킨다. 그리고 아무 일 없었다는 듯 일상대화를 이어가신다. 가슴에 한이 많아 보여 시어머니를 보면 안쓰러운 마음이 든다.

나는 눈치가 정말 빠르다. 누군가 하는 말의 숨은 의미까지 파악한다. 부모님의 부부 싸움을 중재하면서 기른 나의 큰 능력이다. 큰일을 미리 방지하는 것이 나의 목적이었기 때문이다. 비언어적 표현에서 화를 순간적으로 감지하는 눈치도 빠르다. 때로는 모르는 체하고 싶은데 불편한 감정으로 피곤하다.

남편은 말보다 비언어적 표현을 많이 사용한다. 나는 표정, 행동, 말의 억양만으로 감지해 낸다. 나는 남편에게 현명하게 대처하지 못하고 긁어 부스럼을 낸다. 남편이 나쁜 감정을 드러내기라도 하면 반감이 생긴다. 사소한 일이 싸움으로 이어져 화를 내는 부모 모습을 아이들에게 그대로 노출하기도 한다. 결국, 모두가 가해자이자 피해자가 되는 것이다.

부부 싸움을 해야 하는 상황이 생기면 카페나 야외로 이동하여 대화하는 것을 권한다. 혹여나 아이들 앞에서 누가 화를 제일 잘 내는지를 시험했다면 화해하는 모습도 보여주어야 한다. 아이들 마음에 화내는 방법을 각인시켰다면 평화롭게 사는 모습까지 각인시키는 것이 부모의 역할이기 때문이다.

일과 육아를 병행해야 하는 워킹맘은 특히 행복해야 한다. 직장과 가정에 나의 행복 바이러스가 퍼져 긍정적인 삶으로 살아갈 수 있다. 불행의 씨앗이 자라나지 못하도록 스스로 관리하고 화를 현명하게 다스려야 하는 이유다. 많은 화에 노출되는 아이는 이미 아이 마음속에 부모가 화내는 모습이 자리 잡고 있다. 부모님이 화를 내는 게 익숙해진다. 때문에, 내 아이가 매사에 화부터 내고 시작한다면 나를 돌아봐야 한다는 신호다. 아이의 모습이 나의 모습이라고 생각하면 된다.

아이가 화를 낼 때 억압하고 가르치려는 마음은 뒤로 미루자. 화가 난 이유를 물어보고, '~구나'로 대화해야 한다. 아이의 화난 마음을 알아주는 언행이다. 누군가 당신을 인정해주고 마음을 보듬어준다면 어떻겠는가? 아이도 마찬가지로 마음을 인정해준다면 화를 가라앉히고 생각이란 걸 하게 된다. 그랬을 때 부모의 훈육이나 선생님의 말씀에 가슴을 열게 된다. 비로소 아이의 마음이 진정되고, 아이는 자신의 감정을 인정하게 된다.

대부분의 여자는 화를 너무 참아서 병을 얻고, 남자들은 화를 표현하는 방법을 몰라서 폭력적으로 변하게 된다. 이렇듯 자신과 남을 고통스럽게 하는 것이 '화'다. 화는 남의 탓도 아니고 내 탓도 아니다. 화를 잘 다스릴 때마다 삶이 즐거워진다. 화가 풀리면 인생도 잘 풀린다. '화'라는 감정은 반드시 의식해야 한다. 그렇지 않으면 무의식의 화가 치민다. 깨어 있는 의식 안에서 화가 잔뜩 난 아이는 존재하지 않는다.

감정이
태도가 되지 않는 육아

가족뿐만 아니라 많은 사람에게 사랑받고 귀여움을 받고 자란 아이는 인격이 훌륭하고 매력이 넘치는 사람이 된다. 다른 사람한테까지 귀한 대접을 받는다는 건 조금 어려울 수 있다. 그러나 예의 바르고 너그럽고 착한 아이라면 충분히 귀한 대접을 받을 수 있다. '예의 없는 아이'가 예의 바른 아이에 비해 대접을 제대로 못 받는 것은 어쩔 수 없는 현실이다.

모든 부모는 나의 아이가 모든 사람에게 사랑받고 귀여움을 받기 원한다. 그렇다면 내가 먼저 공중도덕을 지키고 예의가 저절로 몸에 배어 있어야 한다. 아이를 가르치고 싶다면 내가 먼저 배우는 지혜로운 부모가 되어야 한다.

내가 근무하는 '충남서부아동보호전문기관'은 학대 피해 아동에 대한 조치, 치료, 모니터링 등 다각도에서 사례관리를 한다. 2020년 상반기까지 사례관리 업무 외 현장조사 업무도 전담으로 수행하였다. 아동 학대 신고접수가 되면 신속하게 출동하여 아동의 안전을 최우선시한다. 일련의 과정에서 상담원들은 여러 위험에 노출되기도 하고 강도 높은 감정노동을 했다. 자기 자신을 스스로 관리하지 않으면 트라우마에 시달리게 되고, 이 때문에 퇴사하는 직원도 적지 않았다. 학대 행위자를 만나서 상담하는 과정에서 온갖 욕설, 협박, 때로는 폭행까지 당하기 때문이었다.

나는 상담원들의 원활한 업무를 위해 행정업무를 했기 때문에 외근업무는 거의 없었다. 내근직이기 때문에 상담원이 외근업무 후 돌아오면 표정, 말투, 걸음걸이 등에서 바깥에서 무슨 일이 있었는지 직감할 수 있었다. 학대 행위자들이 호의적인 경우는 드물다. 현장조사 과정에서 학대 피해 아동을 행위자로부터 분리라도 하면 가정을 파괴하는 사람이라는 둥 온갖 욕설을 들어야 했다. 아동보호 전문기관 상담원들은 학대 피해 아동을 위한 생각이 더 크기 때문에 가는 길이 힘들어도 묵묵히 갈 길을 가는 것이다. 나는 상담원들의 용기에 박수를 보내고 싶다.

일을 하다 보면 듣고 싶지 않아도 수화기 너머로 욕설이 들리는 경우가 있다. 제삼자가 들어도 민망한데 본인은 얼마나 속상할까? 나는 오랜 관찰 끝에 상담원들을 구분할 수 있었다. 사례 관리하는 방식에 따라 성향, 태도 변화가 나타나기 때문이다. 기가 팍 죽는 상담원, 씩씩거리는 상담원, 아무렇지 않은 척하는 상담원, 우는 상담원 등 다양한 반응이 있다. 감정의 변화에 따른 결과이다. 여러 감정 중에 스트레스가 되는 요인, 보람을 갖게 하는 요인이 있다.

대부분 부정적인 감정은 겉으로 쉽게 드러나기 때문에 그 사람의 인격과 동일시하게 된다. 사람은 특히 부정의 감정을 인지하고 보살펴야 한다. 이런 과정을 거치지 않으면 그 사람의 부정적 태도가 인격 형성에 영향을 끼친다. 실제로 함께 근무하는 상담원들끼리 태도 변화로 평가를 하곤 한다.

할머니들은 '화병'이라는 말을 자주 한다. 할머니 세대에서는 부정적인 감정은 무조건 참고 살아야 하는 것이 미덕이었다. 문제는 '화'라는 감정이 병까지 이어진다는 사실이다. 화를 삭이는 것과 화를 푸는 것은 다른 의미이다. 화가 나는 상황은 여러 가지이지만 화에 유연하게 대처하지 못해 자신에게 화가 나는 상황은 최악이 되기도 한다.

할머니들의 얼굴을 보면 어느 정도 성향을 느낄 수 있다. 표정 주름이 모든 것을 말해주기 때문이다. 삶의 고생으로 깊게 파인 주름이 있기도 하지만 감정으로 생긴 주름이 인상을 완성한다. 인자한 할머니, 고약한 할머니, 곱게

늙은 할머니, 무서운 할머니 등 다양하다. 신기할 것도 없이 인상에 따라 할머니의 태도도 일치한다. 현재 상태 그대로 늙어 간다고 상상해보자. 어떠한 할머니가 되고 싶은가?

'아이들은 가르치는 대로 배우는 것이 아니라 보는 대로 배운다.'라는 말이 있다. 부모가 어떻게 감정조절을 하는지 보고 자란다는 뜻이다. 그렇다면 어떻게 하면 감정조절을 잘할 수 있을까? 마음속에서 일어나는 감정을 눈으로 볼 수 없지만 잠시 멈추면 감정은 느낄 수 있다. 우리가 감정을 느끼게 될 때 조절하기가 한결 수월해진다.

내가 시집왔을 때, 집안 어른이 말씀하셨다. '귀머거리 3년, 벙어리 3년, 장님 3년'을 둘러 말씀하셨는데 나는 나에게 하는 말씀이라고 단번에 알았다. 나는 어색한 분위기를 만회하기 위해서 질문도 많이 했고 말을 많이 하려 했다. 조용한 시댁의 분위기에 적응하기 위해 했던 행동인데 점잖지 못한 며느리가 되고 말았다. 감정을 표현한다는 것은 시댁 분위기와 어울리지 않았다. 그래서 그런지 남편도 감정표현이 다양하지 않다.

나는 결혼 15년차가 되었다. 시어머니는 맏며느리로 시집살이를 하셨다. 내가 자세히 알지 못하는 시할아버지와 갈등으로 시어머니 가슴에 한이 맺히셨다는 것을 알 수 있었다. 가끔 약주 한잔의 힘을 빌려 어렵게 이야기를 꺼내놓으신다. 새벽 4시에 일어나서 가마솥 밥을 지어 매일 두 상을 차리신 일, 시동생 학교 도시락 챙겼던 일, 출산 하루 전까지 일하고 출산 일주일이 채 안 되어 일어나야 했던 일, 농사일을 새벽까지 한 일 등이었다. 시할아버지가 엄하여 목소리만 들어도 가슴이 두근거렸다고 하셨다.

"내가 그래서 화병이 생겼어!"
"어머니, 저라면 도망갔을 것 같아요. 어떻게 사셨대유?"

이 말 한마디로 시어머니는 공감을 받아 더 신나게 말씀하신다. 내가 할 수 있는 일은 잘 들어드리는 것뿐이었다. 시어머니 가슴이 풀릴 때까지 말씀을 들어주는 사람이 있어야 한다. 나는 시어머님 말씀을 들어주고 싶었다.

시어머니는 며느리에게 시집살이를 대물림하지 말아야겠다고 다짐하셨다고 한다. 이런 시어머니의 다짐으로 나는 시집살이 없이 살고 있다. 오히려 시어머니 사랑을 받으며 행복한 며느리로 산다. 나의 시어머니는 정말 대단하고 고마우신 분이다.

시어머니처럼 감정을 숨기고 억누르고 산다면 '화병'이 생긴다. 말로 풀어버리든지 종교 생활을 하든지 해야 한다. 자기의 나쁜 감정을 화부터 내는 사람이 있다. 아이 어른 다를 것이 없이 이런 사람은 감정적인 사람이다.

감정적인 것과 감정을 표현하는 것은 다르다. 감정적인 사람은 감정이 앞서는 사람이다. 반면 감정을 표현하는 사람은 자신의 감정을 표현하고 나의 상황에 따라 감정을 조절할 줄 아는 사람이다. 아이를 키우는 부모라면 성숙한 모습을 갖추고 감정을 표현하는 사람이 되어야 한다. 감정 표현하는 방법을 아이가 보고 배운다.

아이들이 살아가는 세상은 4차 혁명 시대이다. 자신의 감정을 솔직하게 표현해야 하는 시대에 살아가고 있다. 예전처럼 선생님 말씀만 듣는 시대가 아니라 선생님의 역할이 코칭으로 변화된 시대다. 수업시간 대부분이 토론, 발표하는 시간으로 채워지고 있다.

"우리의 마음은 우리가 가진 가장 귀중한 소유물이다. 우리 삶의 질은 이 값진 선물을 얼마나 잘 계발하고 훈련하고 활용하느냐에 달려 있다."

마하트마 간디가 한 말이다. 마음의 감정을 계발, 훈련, 활용하는 노력에 따라 삶의 질이 다르게 변한다. 감정이 태도가 되지 않기 위해서 감정을 살피는 부모가 되어야겠다.

빨리 듣고, 느리게 말하고, 적게 분노하는 방법

아이에게 따뜻한 애정과 배려를 얼마나 보여주는가? 내가 어린 시절에는 모두 먹고살기가 어려운 시대였다. 주변을 둘러보면 물질적으로 풍족한 아이보다 어려운 친구들이 많았다. 나 또한 풍족한 가정은 아니었다. 성인이 되어서야 우리 집이 가난했다는 것을 알다. 내가 자랄 때는 우리 집이 중산층쯤으로 알고 자랐다. 커서 보니 물질적으로는 가난했지만, 사랑과 애정만큼은 듬뿍 받으며 성장했다.

내가 아이를 기르는 지금은 부모 세대만큼 물질적으로 어려운 세대는 아니다. '육아는 템빨이다.'라고 할 정도로 주변에서 활용할 수 있는 여러 가지 물건도 많다. 육아에 대한 정보도 넘쳐 흐른다. 아이에게 정서적 배려를 해야 한다는 사실도 잘 알고 있다. 단지 행동으로 옮기지 못하는 것뿐이다.

"'착하게 살아라.' 남을 배려하는 마음을 가져라. 배려는 곧 자신을 높이는 길이다."

반기문 전 UN사무총장 어머니의 가르침이다. 어머니는 의사가 되기를 원했지만, 반기문 전 총장의 꿈은 외교관이었다. 어머니는 반기문 전 총장의 꿈을 믿고 지지해주었다. 공부보다 자신보다 낮은 사람을 돌볼 줄 아는 사람이 되라고 가르쳤다. 먹고살기도 힘든 세대에서 아이들에게 베푸는 삶, 겸손과 배려를 가르친 점에 대해 아이를 키우는 엄마로서 존경의 마음이 들었다. 흔한 요즘 엄마들의 교육방식과는 많이 달랐다.

나도 어떻게 하면 공부 잘하는 아이로 키울 수 있을지 고민했던 시기가 있었다. 겉으로 드러나는 스펙들에 중점을 두었기 때문이다. 내면의 질량을 키우는 것은 안중에 없었다. 엄마의 마음을 아이가 모를 리 없다. 마음은 말을 하지 않아도 그대로 전달되기 때문이다. 아니나 다를까, 올해 중학생이 되는 첫아이가 학원 숙제와 늘어난 학습 부담을 느끼는 것이 느껴졌다.

나는 문득 '이렇게 여유도 없이 공부를 고집할 필요가 있을까?' 이런 생각이 들었다. 아이 스스로 해야 할 필요성을 깨닫는 것이 선행되어야 하는데,

그 과정 없이 타인의 의지대로 왔으니 버겁게 느낄 만하다.

나는 반기문 전 총장의 뒤에는 더 훌륭한 어머니가 계셨다는 사실에 관심이 갔다. 아이가 스스로 계획하고 실행하며 꿈에 다가가도록 돕는 것이 나의 역할임을 깨달았다. 삶에서 몸소 보여주고 실천하는 반기문 전 총장 어머니의 성품을 본받고 싶었다.

'아이에게 무엇을 시켜야 한다.' 하는 생각에서 벗어나 아이의 자존감을 되찾아주고, 아이에게 배려 깊은 사랑을 전해주고, 아이를 믿어주기로 결심했다. 엄마의 믿음은 아이 스스로 내린 결정에 두려움 없이 나아갈 수 있도록 지지자의 역할을 할 것이라고 확신했다. 첫아이는 중학교 1학년 인터넷 강의를 들으며 스스로 해보해보기로 계획을 세우고 계획하고 요일별 스케줄을 짰다. 할 수 있다는 용기와 자신감은 자신의 인생을 운영하는 주체자가 되게 한다.

내가 논술을 배워 초등학생 방문 수업을 하러 갔을 때의 이야기다. 엄마는 전업맘이었고 아이는 엄마가 짜놓은 스케줄에 따라 학습을 성실하게 해내는 얌전한 여자아이였다. 코로나19로 등교가 연기되고 집에서 모든 학습이 이루어지면서 엄마 성에 차지 않은 부분이 있었다. 그 아이와 나와의 인연은 그렇게 시작되었다.

나는 수업 때 대화를 많이 나누는 편이다. 나의 이야기도 해주고, 아이의 이야기도 끌어내준다. 흥미를 유발해 마음의 문을 여는 작업부터 한다. 마음을 꽁꽁 닫은 상태에서 머리에 뭔가 넣는 것은 기계와 같기 때문이다.

그 아이를 만나면서 빨리 듣는 방법을 배웠다. 눈을 마주치면 몇 마디 나누지 않아도 의도하는 마음을 알게 되었다. 아이들은 상상하는 것 이상으로 순수하다. 설사 거짓을 말한다 해도 드러나는 것을 보면 순수한 아이들이 맞다. 오히려 나를 정화하는 시간이 되었다.

부모나 아이가 꼭 기억해야 하는 사실이 있다. '내 감정은 언제나 나에 대한 것'이라는 사실이다. 사랑받고 싶은 욕구, 칭찬받고 싶은 욕구, 인정받고 싶은 욕구 등을 드러내는 것이 내 감정이다. 부모는 자신의 감정이 자신의 것이라는 사실을 알고 있어야 한다. 그것을 아이들에게 가르쳐줄 수 있는 사람이기 때문이다.

어떤 부모들은 자신이 느끼는 감정을 아이나 가족 탓을 하며 기분 나쁜 감정을 전달하기도 한다. 나의 감정이 다른 사람의 감정으로 보기 때문에 나타나는 현상이다. 바로 이때 소통이 불통이 되는 시점임을 명심하자.

부모는 자신의 감정을 자기 것으로 받아들이고 그 감정이 무엇인지 정확하게 해석해야 한다. 자신의 느낌을 말하는 훈련을 통해 감정을 성숙하게 다루는 사람이 되는 것이다. 그렇지 않으면 기분 나쁜 표정은 얼굴에서 떠나지 않게 된다. 죽상은 인생도 죽으로 만든다.

다음은 나의 감정을 나의 것으로 받아들이는 대화의 예시이다.

"너희가 싸우는 것을 더이상 참기 힘들구나. 좀 싸우지 말아 줄래?"
"동생을 때리는 모습에 정말 화가 많이 나는구나. 다시는 동생 때리는 모습을 보고 싶지 않아."
"네가 숙제하는 걸 보고 실망했어. 좀 더 노력해야 할 것 같아."

이렇게 나 자신의 감정을 넣어서 표현하면 말하는 도중에 분노나 화를 조절할 수 있게 된다.

현대 사회는 경쟁이 치열하다. 많은 부모들이 겪는 심적인 스트레스의 원인이 된다. 스트레스에서 자유로운 사람이 몇 명이나 될까? 부모의 스트레스는 고스란히 아이에게 전달된다. 아이에게 주의력 결핍 등 이상 증상이 나타나는 데는 부모의 영향이 크다.

자녀 교육은 감정을 관리하는 것이다. 부모의 잣대로 아이에게 감정을 요구하지 말아야 한다. 부모 스스로 분노 조절을 할 수 있을 때 아이도 조절능력이 생긴다는 것을 명심하자. 아이는 부모의 그림자이기 때문이다. 스트레스와 고민을 밖으로 밀쳐내고 즐거움과 미소로 아이를 대해야 한다. 나의 부정의 감정을 통제하고 긍정적인 감정을 아이에게 전달할 때 아이가 격려와 사랑을 느끼게 된다.

아이의 마음과 말을 빨리 듣기 위해서는 관찰이 우선되어야 한다. 말과 비언어적 표현까지도 살펴서 파악해야 한다. 아이가 원하는 것이 무엇인지 정확하게 아는 것은 무척 어렵다. 아이의 감정은 파도처럼 밀려왔다가 밀려가기 때문에 한 지점에 오래 머물지 않기 때문이다. 엉뚱한 공감은 오히려 동문서답이 되어 아이를 답답하게 만들 수도 있다.

말을 할 때는 충분히 생각하고 최대한 신중한 태도로 말해야 한다. 아이가 말을 하면 그대로 물어보는 것도 하나의 방법이 될 수 있다.

"그러니까 오늘 속상하다는 거구나. 맞아?"

이렇게 물어보면 아이는 그 말이 맞는지 생각한다. 엄마가 보여주는 이런 태도는 밑바탕에 아이를 존중하는 마음이 깔려 있어, 아이의 사고력이 자라나도록 도움을 준다.

엄마는 언제까지나 감정의 주체는 '나'라는 것을 잊지 말아야 한다. 아이는 부모의 화풀이 대상이 아니기 때문이다. 엄마도 소중한 존재이자 사람이다. 사람들은 엄마가 화를 내면 안 된다고 한다. 화가 나면 화를 내는 것이 차라리 낫다. 오히려 꾹꾹 눌러 참다가 더 큰 화를 불러일으키게 된다. 솔직하고 담백하게 마음과 생각을 표현해라. 쌓아두었다가 한꺼번에 쏟아 내는 것보다 아이에게 훨씬 바람직하다.

내 아이의 감정 공부를
먼저 하라

오늘 아이에게 사랑을 주었는가? 혹은 상처를 주었는가?

아이와 대화를 할 때는 눈을 마주치며 대화를 해야 한다. 얼굴을, 특히 눈을 마주 보려 하지 않으면 서로의 감정을 읽을 수 없기 때문이다. 사랑의 메시지는 얼마든지 아이를 내 앞으로 데려올 수 있다. 하지만 상처 주는 말과 행동은 아이를 멀어지게 만드는 요인 중 하나이다. 사랑받기 위해 이 세상에 온 영혼의 아이들에게 올바른 감정으로 다가가는 것이 어른들의 사명이라고 생각한다.

아이들 모두 학생이 되면서 나는 아이들과 잠자리 준비 후 누워서 감사기도를 종종 한다.

"하나님 아버지, 오늘도 우리 가족 모두 건강한 하루를 지켜주셔서 감사드립니다. 나의 소중한 세 아이가이 학교생활을 잘 마치고 많이 웃고 신나게 놀 수 있음에 감사드립니다. 저도 회사에서 제 일을 열심히 했습니다. 나와 가족을 위해 일할 수 있음에 감사드립니다. 아침에 눈 떠서 지금 잠자는 순간까지 행복한 시간들만 기억하게 해주세요."

나는 나 혼자 기도문을 생각나는 대로 소리 내어 아이들에게 들려준다. 나의 시간을 마치면 세 아이에게 자유롭게 하고 싶은 감사의 기도를 할 기회를 준다. 내가 감사기도를 하면 유난히 조용해지는 아이가 있다. 바로 둘째 아이다. 이불로 눈물을 닦고 있는 마음 여린 아이다. 감정이 스치기만 해도 풍부한 감정이 살아나는 아이다. 정도 많고 눈물도 많은 인간적인 아이다. 안아주면 감정이 더 격해져 뜨거운 눈물을 나도 느끼게 된다.

최성애·존 가트맨 박사의 『내 아이를 위한 감정코칭』에 아이의 감정에 반응하는 부모의 유형이 나온다.

첫째, 축소전환형 부모이다. 아이의 감정은 중요하지 않게 생각하는 유형이다. 아이의 감정은 아랑곳하지 않고 "별것 아닌데 왜 울고 그래?"라고 말하는 것이다. 부정적인 감정을 본인이 싫어하기 때문에 아이가 부정적인 감정을 보이면 빨리 없애주려고 한다. 이런 부모 밑에서 자란 아이는 감정을 느끼고 조절하는 데 많이 서투르다. 감정을 무시당해 자존감이 낮다.

둘째, 억압형 부모이다. 축소전환형 부모처럼 아이의 감정을 무시하기는 마찬가지다. 아이의 감정에 무시를 넘어 부정의 감정은 잘못된 것이라고 비난하고 야단치고 벌을 주기도 한다. 억압형 부모가 야단치는 이유는 부정의 감정을 허용하면 성격이 나빠질까 봐 염려하는 마음이 크기 때문이다. 우는 아이에게 "울음을 그치지 않으면 경찰 아저씨 불러서 잡아가라고 한다."라고 협박하는 부모 유형이다. 이런 부모 밑에서 자란 아이도 자존감이 낮다. 감정표현은 폭력적인 형태로 많이 표출되어 청소년 비행에 가담하는 비율이 높다.

셋째, 방임형 부모이다. 아이의 감정은 어떤 감정이든지 허용하는 유형이다. 이상적인 부모유형 같지만, 공감까지가 끝인 것이다. 이후의 행동 방향이나 한계를 제시하지 못한다. 아이가 울면 슬퍼서 우는 것이 당연하기 때문에 실컷 울 수 있도록 내버려둔다. 방임형 부모 밑에서 자란 아이는 감정조절을 잘할 것 같지만 그렇지 않다. 부모가 모든 감정을 허용만 했지 아이는 행동의 한계는 가르치지 못했기 때문이다. 아이는 기분 내키는 대로 자기중심적으로 행동하기 쉽다. 대인관계의 어려움으로 왕따를 경험하기도 하고 왕자병, 공주병에 빠지기도 한다. 아이는 낮은 자존감에 열등감까지 느낀다.

넷째, 감정코칭형 부모이다. 아이의 감정을 다 받아주고 공감하는 면에서는 방임형 부모와 같다. 공감은 해주되 아이의 행동에 대해서 분명한 한계를 그어주는 데 차이점이 있다. 울컥해서 울고 있는 아이에게 엄마도 감동이 밀려와서 눈물 흘릴 때가 많았다고 공감해준다. 이후 어떤 감정인지 어느 부분에서 울컥했는지 대화를 나누는 시간을 가져야 한다. 아이는 자기의 감정을 이해하고 그 감정이 무조건 눈물을 흘려야 하는 것이 아니라는 것도 알게 된다.

감정코칭형 부모는 좋은 감정 나쁜 감정을 나누지 않고 내가 느낄 수 있는 당연한 감정으로 인정한다. 감정코칭형 부모는 아이에게 한계를 규정하고 선택할 기회를 제공한다. 아이는 독립된 주체로 성장하는 것이다. 자신을 소중하게 여기어 자기효능감과 자존감도 높은 아이가 된다.

나는 감정코칭형 부모의 이론은 이해할 수 있었으나 현실에서 나의 아이에게 접목하기는 쉽지 않았다. 내가 감정을 겉으로 드러내지 않고 사는데 익숙한 쪽에 가까웠기 때문이다. 특히 나쁜 감정은 잘 드러내지 못하고 삭히거나 좋은 척했다. 이런 내가 아이의 감정을 이해하고, 읽어주고, 행동방안까지 제시해 줄 자신이 없었다.

나는 육아를 하면서 감정조절에 어려움을 겪었다. 아이의 나쁜 행동이나 감정에 대하여 화를 내거나 짜증을 내는 일이 많았다. 아이가 계속 감정을 드러내면 오히려 고집이 세다는 이유로 고집을 꺾으려고 했다. 무지한 엄마 밑에서 감정에 상처받았을 아이를 생각하니 한없이 미안했다. 나는 겉모습만 어른일 뿐 감정조절 능력은 어린아이나 다름없었다. 그래도 나는 엄마이고 아이를 사랑으로 키워야 하는 의무가 있다. 나에게는 깨달음이 필요했다.

존 가트맨 박사는 타고난 능력의 유무와 관계없이 감정코칭을 하고자 하는 마음을 갖는 것이 중요하다고 말한다. 감정코칭은 매번 못하더라도 약 40%만 해도 효과는 충분하다. 감정코칭으로 아이와 신뢰를 쌓아놓으면 설령 부모가 감정코칭을 해주지 못해도 아이가 크게 상처받지 않는다는 연구 결과가 나왔다.

나는 의식적으로 도전해야 하는 이유가 충분했다. 완벽해야 한다는 부담을 덜어내고 자신감으로 용기 내어 감정코칭형 부모를 시도해보기로 했다. 나는 '왜?' 대신 '무엇'과 '어떻게'를 사용하라는 존 가트맨 박사의 방법을 적용했다.

"저녁 시간이 다 되어가는데 늦게 왔네."
"친구랑 자전거 타느라 늦었어요."
"그랬구나. 친구랑 자전거 타면 무엇을 하고 노니?"

"홍예공원도 가고 삼천리 자전거점에 가서 자전거도 구경하고 그래요. 엄마, 오늘 자전거 타는데 자전거 체인 빠진 사람이 있어서 내가 끼워줬어요."

"아주 좋은 일을 했구나. 하지만 약속한 시간이 되었는데 집에 들어오지 않으면 엄마가 걱정하니까, 다음부터는 약속한 시간까지는 집에 들어와야 해. 알았지?"

"네."

내가 만약 왜 늦었는지 물었다면 아이는 늦은 사실 때문에 혼이 날까 염려하여 부정적인 감정부터 올라오게 되었을 것이다. 아이가 마음을 닫게 되면 대화를 이어나가기 어려워진다. 이때 단어만 교체해서 사용하게 되면 대화를 이어나갈 수 있게 된다. 더불어 엄마가 자신의 감정을 이해하는 것을 보고 아이도 감정을 다루는 방법을 자연스럽게 배우게 된다.

아이들은 다양한 감정을 만나면서 느끼고 조절하는 것을 배운다. 이러한 경험이 아이 스스로 감정조절에 유연한 어른으로 자라게 해준다는 것을 잊지 말자.

06

엄마의 믿음이
아이를 성장하게 한다

내 아이에 대한 믿음이 얼마만큼 될까? '겨자씨만 한 믿음만 있으면 산을 바다로 옮길 수 있다'는 성경 말씀이 있다. 아이에 대한 믿음이 빠진 자리에 걱정이 차지한다. 신뢰하지 못하기 때문에 걱정하는 것이다. 이것은 악순환으로 이어진다. 나의 아이를 다른 아이와 비교하게 되고 선행교육으로 위안을 삼는다. 엄마 스스로 불안한 양육심리를 드러내는 것과 같다.

『불심일생』에 나오는 이야기다. 아주 먼 옛날 산골, 가난한 집 아이는 배가 고파 우는 게 일상이었다. 아이의 부모는 매질로 우는 아이를 다스렸다. 그날도 부모는 아이를 매질하고 있었다. 마침 집 앞을 지나는 스님이 그 광경을 보았다. 그리고 매를 맞고 있는 아이에게 다가가 넙죽 큰절을 하였다.

"스님, 어찌하여 하찮은 아이에게 큰절을 하는 것입니까?"

"예. 이 아이는 나중에 정승이 되실 분이기 때문입니다. 그러니 곱게 잘 키우셔야 합니다."

그 후로 아이의 부모는 매를 들지 않고 공들여 아이를 키웠다. 훗날 아이는 정말로 영의정이 되었다. 스님의 신기한 예지에 부모는 스님을 찾아가서 감사함과 궁금한 점을 여쭈었다.

"스님, 스님은 어찌 그리도 용하신지요? 스님 외에는 그 어느 누구도 우리 아이가 정승이 되리라 말하는 사람이 없었거든요."

"모든 사물을 귀하게 보면 한없이 귀하지만 하찮게 보면 아무짝에도 쓸모가 없는 법이지요. 아이를 정승같이 키우면 정승이 되지만 머슴처럼 키우면 머슴이 된답니다. 세상의 이치이니 잘 살고 못 사는 것은 마음가짐에 있는 거라 말할 수 있지요."

이 이야기를 통해서 믿음으로 아이의 인생이 달라진다는 것을 알 수 있다. 배가 고파 우는 아이에게 변한 상황은 부모의 믿음밖에 없었다. 정승이 된다는 믿음의 씨앗이 아이를 영의정으로 성장시킨 비결인 것이다. 우리 아이에게 한계를 두지 말고 신뢰하는 마음으로 담대하게 양육해야 한다.

아이들에 대한 걱정은 잠시 미루어두고 나의 아이가 무엇을 할 때 행복할지부터 생각하자. 일어나지 않은 걱정은 버리고 그 시간에 사랑을 듬뿍 주자. 마음의 문을 열고 있는 그대로를 받아들이는 것이 중요하다. 양육자가 이런 과정을 거친다면 아이는 자신감이 생기게 된다. 나아가 타인을 이해하는 힘을 가진 아이로 자란다. 부모의 믿음이 뒷받침되어 세상을 긍정적으로 살아가는 아이로 성장하게 된다.

세 아이는 모두 엘리베이터에 혼자 타는 것을 두려워했다. 초등학교 저학년까지 그랬다. 과거에 사건 사고가 있었다면 트라우마가 있어 그런 것으로 이해했을테지만, 아무 일도 없었다. 6층까지 짧은 시간도 혼자 절대 못 탔다. '할 수 있어. 괜찮아. 무섭지 않아.'라고 수없이 말해도 불안감은 가시지 않았다. 내 기준에서 무섭지 않은 것일 뿐 아이들은 엘리베이터를 여전히 무서워했다.

우리 부부는 아빠가 1층에서 태워주면 6층에서 엄마가 기다리는 방법으로 연습했다. 1층에서 혼자 탔어도 6층에 내리면 엄마가 기다리고 있다는 믿음을 심어주기 위한 것이었다. 아이들은 놀이처럼 받아들였고 어느새 혼자 엘리베이터를 타고 이동할 수 있게 되었다.

나는 세 아이를 키우면서 믿음에도 연습이 필요하다는 것을 알게 되었다.

누구든지 부정적인 마음을 거두어내야지 그 자리에 긍정적인 마음이 자리 잡는다. 믿음이라는 것은 긍정의 단어이다. 만약에 부정적인 불신이 있다면 거두어내기 전까지 변화되기는 어렵다.

아이에게는 말보다는 아이 스스로가 깨달을 수 있는 행동으로 다가가야 한다. 즉, 행동으로 각인시켜주는 방법이 효과적이다. 직접 경험한 것만큼 확실한 믿음은 없기 때문이다. 경험으로 믿음이 생겨나면 그때부터 그 사람의 말을 믿게 되는 것이다. '우리 엄마는 나를 믿어.'라는 믿음이 깊게 뿌리내린 아이는 믿음을 키우며 자존감도 함께 성장한다. 즉 마음이 단단한 아이가 된다. 엄마의 믿음이 긍정적인 아이로 성장시킨다는 사실을 기억하자.

나의 세 아이는 각자 개성이 뚜렷해서 다양한 즐거움을 준다. 때로는 천당과 지옥을 오가기도 하지만 삶의 묘미가 주는 재미도 솔솔하다.

둘째 아이 대호는 누나와 비교되는 삶에 노출되어 있다. 특히 학습적으로 가장 많이 비교된다. 초등 저학년 때 대호는 누나와 달리 수학 점수, 받아쓰기 점수는 평균 50점이었다. 누나와 같은 책을 읽어주어도 받아들이는 데 확연한 차이가 있다. 대호는 이해하고 받아들이는 데 시간이 긴 아이다. 학교 수업시간에 집중하는 시간도 극히 짧다고 선생님이 말씀하신다. 나는 부모로 부족함을 느끼게 되었고 날이 갈수록 걱정이 많아졌다. 내가 불안한 마음에 대호에게 다그치고 기죽이는 일이 일상이 되었다.

김은희 수학 선생님이 대호에게 해준 말이 있다.

"어머니, 대호는 대기만성형이에요. 조급해하지 마세요."

선생님 눈에 나의 조급함이 들켜버린 것이다. 내 나름대로는 교육에 관심 많은 엄마인 척 상담을 받았는데 무식한 엄마가 되어 창피했다. 나는 선생님 말씀을 부정하지 않았다. 그대로 받아들이기로 했다. 대호는 못하는 것이 아니라, 조금 더딘 것뿐이라고.

아이를 바라보는 관점을 바꾸게 되니 조급함과 걱정이 점차 사라졌다. 다그치는 엄마에서 기다려주는 엄마가 되기 위해 연습을 했다. 방치라고 할 정도로 직접적인 간섭을 끊었다. 대호가 잘한 일만 칭찬해주기로 마음먹고 관찰을 많이 했다.

나의 욕심에 맞는 장점이 아니라 사소한 일에 감사하고 칭찬했다.

"대호가 엄마 아들이어서 고마워. 책상에 앉아서 노력하는 모습이 멋지구나."

밥을 잘 먹어도 칭찬했고, 변을 건강하게 보아도 칭찬했다. 성적에 대해서는 동점 내지 1점이라도 오르면 호들갑 떨며 칭찬했다. 아이 스스로가 지난 시험보다 10점 올라 60점이 된 것을 칭찬했다. 점수가 중요한 것이 아니라 조금씩 성장하는 것임을 느끼게 해주고 싶었다.

아이들은 칭찬받으면서 스스로 자기 자신을 믿게 된다는 것을 깨달았다. 아이의 자존감도 생기니 무슨 일을 해도 의욕적이고 흥미를 갖게 되었다. 아이들은 내가 생각하는 것보다 훨씬 똑똑하다. 행동 하나하나에 의미를 부여하고 구체적으로 칭찬해보자. 결과보다는 과정을 즐기는 아이가 된다. 결과에 연연하지 않을 뿐만 아니라 자기 자신을 귀하게 여긴다. 혹여나 실패하더라도 스스로 가치 있다고 생각할 줄 안다. 마음 단단한 아이로 성장하는 것이다.

아이에 대한 믿음에서 엄마의 여유로 이어진 결과는 상상 이상이다. 아이는 물론 가족 모두가 안정된 생활을 하게 된다. 성공해서 자존감이 높아지는 게 아니라 자존감이 높아서 성공한다는 것을 부모라면 기억해두어야 한다. 엄마는 어떠한 상황이 와도 아이에 대한 믿음을 끝까지 놓지 말아야 한다.

07

상처 주지 않고
마음을 표현하는 법

모로코 속담에 이런 속담이 있다.

"말이 입힌 상처는 칼이 입힌 상처보다 크다."

말은 항상 신중하게 해야 한다는 뜻이다. 칼에 베인 상처는 시간이 지나면 회복한다. 하지만 말로 입힌 상처는 영원히 치유되지 않을 수도 있다.

내가 뱉은 말은 나의 그릇과 인격을 나타내기 때문에 특히 아이들과 대화할 때 주의하여야 한다. 아이들은 부모님을 그대로 복제하는 능력이 기가 막히기 때문이다.

나는 엄마라는 역할 중에 제일 어려운 것이 있다. 세 아이가 싸우기라도 하면 감정이 격해지는 것이다. 10초라도 쉬고 말하면 좋을 텐데 그게 그렇게 어렵기만 하다. 1초의 망설임도 없이 감정을 가다듬지 못하고 내보낸다. 뒤돌아서서 반드시 후회할 말을 쏟아붓는다.

"야! 왜 항상 그렇게 동생을 울리는 거야?"
"싸우지 말라고 했지?"
"도대체 나를 왜 이렇게 힘들게 하니?"

화를 넘어서 결국에는 나의 신세 한탄을 하기도 한다. 대부분 아이들은 엄마에게 야단맞는다고 생각해서 반감만 생기게 된다. 아이들이 어릴 때는 부모에게 저항하지 못하고 당하고 있다. 하지만 사춘기가 되면 쌓아두었던 자아가 고개를 든다. 즉 참지 않는다.

첫째 리원이가 올해 중학생이 되면서 슬슬 걱정되기 시작했다. 사랑하는 딸이 사춘기가 되어 나와의 관계를 단절시킬까 봐 두렵기 때문이다. 엄마로서 나를 돌아보고 청소년기 육아서를 찾아 읽었다. 다행히 방문을 걸어 잠그지는 않지만 안심하기에는 아직 이르다. 리원이는 갑자기 짜증을 낸다든지 엄마가 무슨 말만 해도 내가 말하는 모든 걸 부정하고 본다. 가족에 대한 비판을 서슴지 않게 말하기도 한다. 질러대고 시원해하는 모습이 잦아져 아이와의 관계에서 긴장하지 않을 수 없다.

책을 통해 아이가 이러한 행동을 하는 이유를 알게 되었다. 아이가 "내 인생이야."라고 말하는 이유는 그 말이 사실이기도 하지만, 스스로 확신하고 싶은 마음 때문이기도 하다. 또한, 옆 눈으로 노려보는 것은 자신이 이렇게 나쁘게 굴어도 엄마가 나를 좋아해줄지 시험하는 행동이기도 하다. 이렇게 아이는 다양한 시도를 통해 대화 통로를 선택하려는 준비과정에 있다.

눈에 넣어도 안 아플 나의 아이가 행복하고 평생 건강한 습관을 들이게 하고 싶다면 계속 사랑하고 보듬어주어야 한다. 언성을 높이며 감정싸움을 하는 행위는 영원히 치료되지 않는 마음의 흉터를 남길 수 있다.

둘째 대호의 초등학교 1학년 4월 어느 날, 분주한 아침에 학교에 안 다니면 안 되겠냐며 출근 준비하는 나를 졸졸 따라다녔다. 1분 1초가 바쁜 아침에 짜증이 밀려오기 시작했다. 아이 얼굴도 쳐다보지 않은 채 이유가 뭐냐고 화내듯이 물었다.

"선생님이 무서워요…."

담임 선생님이 무섭다는 소문은 익히 들어서 알고 있었다. 아이가 이렇게

212

완강하게 의사 표현을 할 줄은 꿈에도 생각하지 못했다. 학교에 안 가겠다는 황당한 상황에 무척 당황스러웠다. 나는 출근 준비 중이라 다그쳐서라도 학교에 보내려고 했다. 급기야 최후의 통첩을 날렸다.

"학교 안 다닐 거라면 가방도 버리고 집에서 집안일이나 하고 있어."
"네, 앞으로 집안일 제가 다 할게요."

겁주려고 한 말인데 그러겠다고 답하니 어처구니가 없었다. 나는 현관문을 나설 때까지 화를 내며 출근했다. 대호가 학교에 가지 않으리라는 것도 예상했다. 초등학교 1학년 아이가 아무도 없는 집에서 공포에 떨고 있을 것을 생각하니 일이 손에 잡히지 않았다. 나의 아이가 학교를 거부할지 전혀 몰랐다.

출근 후 30분이 지나자 둘째 대호가 전화를 해왔다. 아이는 울면서 엄마한테 죄송하다고 하는 게 아닌가. 왈칵 눈물이 쏟아졌다. 더군다나 엄마 회사 앞에 킥보드를 타고 와서 엄마를 찾고 있었다. 당장 나가서 아이를 따뜻하게 안아주었다.

학교에 가야 한다는 사실을 알면서도 용기 내서 속마음을 말한 아이를 존중해주지 못한 것이 후회되는 순간이었다. 나 자신이 무너지는 느낌이 들었다. 다행히 대호는 선생님과 소통하여 공포를 극복하고 학교생활에 적응할 수 있게 되었다. 몇 번의 심리치료를 통해 마음의 안정도 찾을 수 있었다.

무슨 일이든 척척 잘하는 아이가 있는가 하면 그렇지 못한 아이들도 많다. 정말로 귀중한 재능이지만, 정확히 가늠할 수 없다는 이유로 우리가 쉽게 무시해버리는 아이들 말이다. 일반적인 학습 능력에는 별다른 흥미를 느끼지 못하고 재능도 없지만, 사람들과 잘 어울리고 다른 사람을 이해하는 능력이 뛰어난 아이들에게도 소질을 계발하라고 격려해주어야 한다.

"너는 왜 공부를 못 하니?"와 같은 말로 상처를 준다면 아이는 자신의 재능을 발전시킬 생각을 전혀 하지 않게 된다. 아이에게 재능이 얼마나 소중하고 가치 있는지를 알려주는 것 역시나 부모의 역할이다. 아이들은 공부 이외의 다른 재능이 분명히 있다. 아직 발견하지 못했을 뿐 없지 않다.

아이들에게 남을 배려하는 것, 상처 주지 않게 말하는 법 등은 말로 하는 교육이 아니다. 부부의 생활 태도 및 대화방식을 보고 아이들은 배운다. 부부는 열린 소통패턴을 확립하기 위해 노력해야 한다. 이런 소통은 자기 자신을 사랑할수록, 부부관계가 친밀할수록 쉽게 다가온다.

듣기는 소통의 시작이다. 말하기보다 듣기가 훨씬 더 중요하다. 상대방의 이야기에 귀 기울이는 행동은 여러가지 메시지를 전달하기 때문이다. '나는

당신을 인정하며 소중히 여긴다. 당신의 말은 내 주의를 끌 만한 가치가 있다.'
와 같은 말은 상대방을 받아들이고 인정한다는 뜻이다. 즉, 그 사람의 존재
를 있는 그대로 긍정하는 것이다. 말하기보다 상대방의 말에 귀를 기울이는
데 중점을 두고 대화해보자.

아이 입에서 말 한마디가 떨어지기 무섭게 부모는 아이의 입을 틀어막고
충고하고 나무라고 본인의 이야기를 하기 시작한다면 이것은 진정한 대화가
아니다. 아이를 강제 진압시키는 것이다. 부모라면 반드시 아이가 충분히 말
할 수 있는 시간을 주어야 한다. 아이가 말을 할 때 이런 태도를 보여보자.

아이 쪽으로 몸을 기울인다거나 자주 눈을 마주치자. 고개를 끄덕이는 태
도, 미소를 짓거나 아이의 메시지에 적절한 표정을 짓는다면 아이는 부모가
나의 말에 귀 기울이고 있다고 느끼게 된다. 아이들은 성의 없는 말보다 비언
어적인 메시지를 읽어내는 능력이 뛰어나기 때문이다.

아이와 대화할 때 관대한 소통을 위해 연습해보는 것도 도움이 많이 된다.

"이 문제에 대한 내 생각은 ~인데, 넌 어떻게 생각하니? 이번 일을 어떻게
하고 싶은지 네 생각을 먼저 결정했으면 좋겠다." 등의 대화 패턴을 익히는 연
습을 해보자.

이러한 부모의 소통패턴으로 아이는 욕구를 마음껏 드러낼 수 있어 자유와 안정감을 느낀다. 나아가 자신의 능력에 대한 믿음을 갖게 되어 스스럼없이 자연스러운 관계가 형성된다. 긍정적인 방법을 따라 익힌다면 아이에게 상처가 아닌 사랑의 표현이 된다.

08

화내지 않고
단호하게 표현하는 법

사회적으로 끔찍하고 잔인한 아동 학대 뉴스가 나오면 사람들의 분노에 찬 댓글이 넘쳐난다. 어린아이들이 얼마나 잘못했으면 학대로 목숨까지 잃어야 하는가. 어린아이를 죽이고 싶을 정도의 화는 상상하기조차 끔찍하다.

부모를 화나게 한 이유가 과연 아이 때문일까? 아이들은 있는 그대로 표출하는 존재라는 것을 알게 된다면 화의 이유는 아이가 될 수 없다. 부모의 대다수가 자신의 단점을 아이에게서 발견할 때 화가 난다고 했다. 아이가 자신과 다르게 잘 컸으면 좋겠는데, 단점이 자꾸 보이면 불안하기 때문이다.

아이를 키우면서 많은 반성을 하게 된다. 스스로 내면에 화가 많다고 느낄 때가 종종 있다. 아이의 작은 불평불만에도 참지 못하고 순간 욱하기도 한다. 내가 화를 내거나 언성을 높이면 세 아이의 반응이 각각 다르다. 같이 화를 내는 아이가 있는가 하면 기가 금방 죽는 아이도 있고, "엄마, 왜 이렇게 화를 내는데요?" 하고 인지시켜주는 아이도 있다.

같이 화를 내는 아이에게는 더 화를 내게 되는 나 자신이 보인다. 화가 가라앉아야 비로소 이런 나의 모습을 인지하게 된다. 금방 기가 죽는 아이의 모습을 보면 미안한 마음이 먼저 든다. '내가 좀 참을 걸.' 하고 반성하게 한다.

엄마에게 왜 화를 내냐고 질문을 던져주는 아이는 나에게 생각하는 시간을 갖게 한다. 생각해보면 그렇게 화낼 일도 아니고, 아이가 큰 잘못을 한 것도 아니다. 아이의 잘잘못은 나의 기준에서 판단했기 때문이다.

내가 의식적으로 연습했던 것이 있다. 바로 사과하는 연습이었다.

"대호야, 엄마가 정말 미안해. 아무리 그래도 엄마가 큰 소리를 내는건 옳지 않은데, 감정에 휩쓸려 못 참고 큰 소리 내서 미안해. 엄마가 대호가 미워서 그런 것은 절대 아니야."

이렇게 말하면 아이는 눈물을 보이고 만다. 마음이 녹아내리는 것이다. 마무리는 포옹하며 더 진한 애정을 나눈다.

엄마의 큰 소리는 엄마의 잘못인 경우가 대부분이다. 아이가 정말로 잘못한 일이라면 막상 큰 소리는 나오지 않는다. 정말로 큰일일 경우 해결점을 찾기 위해 방법을 먼저 생각하게 된다. 그러니 아이에게 큰 소리 칠일이 원래는 없는 것이다.

부모로서 이성적이지 못한 행동을 했거나 감정이 앞섰다면 반드시 사과해야 한다. 사과하지 않으면 어른은 그래도 되는 줄 안다. 그뿐만 아니라 사과하는 방법을 모르게 된다. 진정한 사과를 하면 아이는 열 번이면 열 번 다 받아준다. 오히려 사과를 받아주는 아이를 통해 깨닫게 되고 부모로서 성장하는 계기가 되는 것이다.

한 아동심리학 전문가는 미소는 아이에게 가장 좋은 교육방식이라고 말한다. 모든 아이가 미소 짓는 사람을 좋아한다고 했다. 미소는 사랑의 언어이고 모든 사람에게 따뜻함을 준다.

아이에게 부모의 미소는 세상에서 가장 아름다운 언어이자 마음이다. 미소 하나만으로 '정말 사랑해, 너만 보고 있어도 행복해!'라는 메시지를 전한다. 미소 속에서 자란 아이는 긍정적인 마인드를 가지게 된다. 반대로 훈계나 잔소리를 많이 듣고 자란 아이는 소심하고 예민하다.

내가 근무하는 '충남서부아동보호전문기관'은 학대 피해 아동을 대상으로 심리치료를 많이 한다. 여러 사례 중, 아빠와 갈등을 겪고 있는 아이가 있었다. 서로의 입장의 차이를 좁히지 못해 감정의 골이 깊어진 상태가 지속되어 결국 학대가 발생한 사례였다.

담당 상담사는 가족치료가 적합하다는 판단을 하고 바로 치료에 들어갔다. 부모와 아이의 역할을 서로 바꿔보는 것이었다.

아빠는 아이가 되고 아이는 아빠가 되어 역할극을 진행했다. 상대방의 목소리, 말투를 재연하며 다양한 감정을 느끼고 심리적 변화도 체험하는 과정이다. 아빠는 회기를 거듭할수록 아이의 감정을 헤아려주지 못했다는 것을 깨닫게 되었다. 감정적인 말과 행동으로 아이에게 상처를 준 것에 후회하고 아이에게 용서를 구하는 모습을 볼 수 있었다.

부모는 여러 복합적인 상황으로 심신이 지치게 되면, 자신도 모르게 아이에게 화를 푸는 잘못을 저지르게 된다. 아이에게 잦은 실수를 반복한다면 이런 방법을 적극적으로 추천한다. 참지 못하겠으면 숨을 내쉬고 3초만 기다려보자. 감정이 조금 가라앉으면 차분한 목소리로 대화를 시작한다.

세 아이를 키우는 워킹맘의 행복한 육아 이야기

가장 중요한 것은 평정심, 안정감, 단호한 목소리임을 잊지 말아야 한다. 목소리 톤을 낮추는 것만으로 말투가 부드러워지고 아이와 소통이 한결 수월해진다. 그래도 아이가 말을 듣지 않으면 단호하게 말해야 한다. 논리 정연하게 말을 할 수 있어야 한다.

천천히 말하는 것은 아이를 진정으로 사랑하는 마음의 표현이자 나 자신의 평정심을 유지하는 데 좋은 방법이다. 부모의 권위도 지킬 수 있게 된다.

지인 중에 자폐가 있는 아이를 키우는 엄마가 있다. 전업으로 하는 일과 동시에 아이 치료를 위해 고군분투하는 워킹맘의 삶을 살아간다. 아이와 원만한 소통이 되지 않을뿐더러 돌발 행동으로 외출도 쉽지 않았다. 늘 다른 사람의 시선을 받아야 했다.

하지만 엄마의 얼굴은 늘 웃는 얼굴이었다. 아이가 이해하지 못하는 말일지라도 화내지 않고 항상 친절하게 말해주는 것이었다. 자폐를 의식하지 않고 차분하게 대하는 모습을 볼 수 있었다.

올해 고등학생이 되는 아이는 바이올린 연주의 재능이 뛰어나 각종 콩쿠르 대회에 나가 상을 타는 경지에까지 이르렀다. 공연 관람 후 소름이 돋을 정도였다. 훌륭한 엄마로 인해 아이가 성장하는 모습을 목격하는 순간이었다.

아이에게 17년 동안 변함없이 보여준 믿음이 만들어 낸 결과는 감격 그 자체이다. 그동안 엄마의 마음고생이 많았을 텐데 스스로 조절하며 아이를 돌보았다는 사실에 존경심이 절로 갔다. 정말 훌륭한 엄마로 아이는 장애를 딛고 성공한 아이로 자라났다.

사람들은 아픈 아이를 둔 엄마들의 생활이 불행과 괴로움, 슬픔으로 가득차 있을 거라고 짐작한다. 물론 진단을 받을 때는 하늘이 무너지고 앞이 캄캄하다. 막상 치료가 시작되면 아이 엄마는 보통과 다름없는 일상을 보낸다. 맛있는 음식을 먹고 쇼핑도 하고 영화도 보곤 한다.

나는 아픈 아이를 키우는 지인을 통해 화내지 않는 방법이 웃음이라는 것을 깨달았다. 아이를 웃게 만들기 위해 열정을 가지고 엄마가 먼저 웃어주었던 것이었다. 덕분에 엄마도 아이도 항상 밝은 모습으로 생활했다. 아픈 아이 엄마의 육아 기술은 유머와 웃음이었다. 웃길 때 필요한 게 유머가 아니라 힘들 때 유머와 웃음이 필요한 것을 이미 알고 있었던 엄마였다.

아이를 키우는 일은 고된 노동에 가까울 때도 있다. 하지만 아이가 한번 웃으면 모든 시름이 사르르 녹는다. 힘든 흔적을 웃음이 치유하고 보듬어준다.

화를 내지 않는 방법은 어렵지 않다. 아이의 웃음을 찾아 피워 내고 함께

하는 것이다. 웃음이 있는 아이는 긍정할 줄 아는 사람이라는 뜻이다. 웃으면서 화내는 사람은 없기 때문이다. 아이에게 단호하게 전달할 상황이 생기면 웃음기만 빼고 말해보자. 얼마든지 화를 내지 않는 소통이 가능하다.

• 5장 •

일하는 엄마가
더 행복하다

일하는 엄마가
더 행복하다

최근에 가장 행복했던 순간은 언제였는가? 행복은 선택이라고 하는데, 당신은 어느 순간을 선택했는가?

내가 몸을 담고 있는 '충남서부아동보호전문기관'은 '굿네이버스'라는 NGO 단체가 운영하는 곳이다. 굿네이버스는 직원 연차에 따라 해외사업장 방문의 기회를 준다. 국제자원봉사활동 프로그램이다. 해외사업장 방문은 모두가 설렘을 품게 한다. 해외사업장에서의 다양한 경험은 좁은 시야를 넓게 확장시켜주어 개인 성장의 발판이 된다.

2018년 12월, 나는 굿네이버스 베트남 해외사업장으로 국제자원봉사활동을 가게 되었다. 순수한 자원봉사를 하는 프로그램으로 거의 문명이 발달되지 않은 오지로 들어가게 되었다. 나는 어린 시절 깊은 산골짜기에서 살았기 때문에 시골이 두렵지 않았다. 차로 비포장도로를 3시간 가야 닿을 수 있는 곳이었지만 견딜 만했다. 도착하는 순간 설렘도 잠시 상상 이상의 낙후된 삶의 현장이 펼쳐졌다. 건물인지 천막인지 구별하기 어려운 곳이었다. 우리는 동물원의 동물처럼 현지인들의 구경거리가 된 듯 신기한 시선을 한몸에 받아야 했다.

굿네이버스는 각 나라 오지에 학교를 지어 배움의 장을 제공한다. 아이들이 인격적으로 존중받고 배움의 기회를 통해 바로 설 수 있도록 발판의 역할을 하고 있다. 말로만 들었을 때는 '좋은 일을 하고 있구나.' 정도로 생각하고 있었다. 나는 머리에서 가슴까지 닿기에 오랜 시간이 걸렸다. 쓰러져가는 건물들 사이에서 굿네이버스가 지은 깨끗한 학교를 눈으로 확인하는 순간 굿네이버스가 정말 대단해보였다. 굶주림 없는 세상을 위해 실천하는 국제 NGO 단체라는 사실이 자랑스러웠다. 더불어 나의 소속감이 올라가 얼마나 중요한 일을 하고 있는지 책임감도 막중해지는 것을 느꼈다.

여러 활동 중 학교에서 아이들 수업을 직접 진행하는 자원봉사 활동을 하게 되었다. 말도 통하지 않는 아이들에게 나의 온 힘을 불사르고 나니 에너지가 고갈되어 이미 방전이다. 정신 차리고 나니 이 시간은 나를 위한 시간이었다는 생각이 들었다. 아직도 초롱초롱하게 빛나는 아이들 눈빛을 잊을 수 없다. 자원봉사라는 것이 그렇다. 다른 사람을 위한 자원봉사를 했는데 자신의 내면이 충만해지는 경험을 하게 된다. 봉사라는 것은 결국 나를 위한 시간이다. 베푸는 것 이상으로 많은 것을 깨닫게 된다. 기회가 된다면 해외사업장에서 선한 영향력을 끼치는 의미 있는 일에 장기적으로 동참하고 싶다는 생각이 간절해졌다.

내가 일을 함으로써 얻는 업무의 다양한 경험은 축복이다. 나는 집으로 돌아오면서 많은 생각이 들었다. 내가 하는 일은 행복이 차고 넘치는 일이고 삶 자체가 행복이라고 깨닫게 되었다. 일을 할 수 있는 직장이 있다는 사실만으로 감사했다. 항상 기분 좋고 밝은 태도로 일하기는 어렵다. 그렇지만 내 행복을 앗아갈 만큼 불행하고 재미없는 일은 없다. 스스로를 인정하는 일은 더 큰 기쁨으로 다가온다. 그런 일은 내가 자신을 더 존경할 수 있게 해주고 행복하게 해준다.

워킹맘은 집에서는 육아, 사회에서는 일로 확장된 삶을 살아가는 존재다. 몸이 힘들다고 해서 자신을 불행의 고역 속으로 넣지 말아야 한다. 내가 행복하다고 느낄 때 우리는 멀리 갈 수 있게 된다. 활기찬 사람으로 만들어서 에너지를 채우는 사람이 된다면 나는 더 가치 있는 사람이 될 것이라고 확신한다.

'위대한 일을 할 수 있는 유일한 방법은 당신이 그 일을 사랑하는 것이다.'
스티브 잡스의 명언이다.

'나는 나의 일을 진정성 있게 사랑하는가? 단순 경제적 이유로 나의 노동을 판 것이 아니었나?'라는 생각이 들었다. 나는 어느 곳에 가든지 적응 하나는 끝내주게 잘하는 장점이 있다. 그래서 그동안 내가 하는 일을 그렇게 좋아하지도 않았지만, 죽을 만큼 싫지도 않았다. 어쩌면 잘 버틴다는 표현이 더 어울릴 듯하다. 그냥 먹고살아야 한다는 이유로 일에 임한 것이다. 내가 일하는 곳에서 꿈을 꾸고 그 꿈을 반드시 이루겠다는 의지는 더더욱 없었다.

하루살이 인생으로 나의 자존감 수준은 딱 여기까지였다. 낮은 자존감 상태로 일을 하게 되면 행복을 느끼기 어렵다. 실제로 그랬다. 잠시 행복할 수 있을지는 몰라도, 그 행복이 오래 가지 못한다. 늘 언제 그만둘지 고민만 하는 이유다. 어느 결정도 쉽사리 내지 못한다.

어느 날 첫아이의 꿈 찾기 과제로 대화를 이어가고 있었다.

"리원이 꿈은 뭐야? 어른이 되었을 때 어떤 일을 하면서 살고 싶어?"
"엄마, 나는 수의사가 되고 싶어. 아픈 강아지, 고양이를 치료해서 아프지 않게 해주고 싶어."

"정말 훌륭하구나. 예쁜 마음으로 꾼 꿈이라서 반드시 이루어질 거야."

"엄마, 그런데 엄마는 꿈이 있어?"

"어? 그게…."

나는 나의 꿈을 말할 수 없었다. 잊은 지 오래되었을 뿐만 아니라 꿈을 꾸고 이루겠다는 목표의식 없이 살고 있었다. '느그들 다 잘되는 것이 엄마 꿈이야.'라고 하기에는 아이들에게 부담만 가중시키는 가짜 꿈이다. 어미로서 자식에 대한 바람일 뿐이다.

나는 20대 시절 자기계발서를 읽으면서 '나도 내 이름으로 된 책이 있었으면 좋겠다.'라는 생각을 했었다. 막연한 꿈의 시작점이었다. '나는 반드시 성공할 거야. 성공해서 책을 쓰고 말겠어.'라고 다짐했던 기억이 떠올랐다.

이후 결혼, 임신, 출산, 일에 묻혀 지낸 세월이 벌써 20여 년이 되었다. 그러던 중 지인의 소개로 『100억 부자 생각의 비밀』이라는 책을 읽게 되었다. 저자 김도사는 이렇게 말하고 있었다. "성공해서 책을 쓰는 것이 아니라, 책을 써야 성공한다."라고 말이다.

'무슨 말도 안 되는 소리야? 나는 이루어놓은 것이 아무것도 없는데 어떻게 책을 쓴다는 거야?'

그동안의 내 생각과 전혀 다른 내용에 신선한 충격을 받았다. 자세히 읽어보니 나의 삶이 곧 책이 될 수 있다는 것을 알게 되었다. 그렇게 이 책은 나에게 아주 큰 용기를 갖게 해주었다.

크게 성공한 사람이 아니라도, 평범할지라도, 멋진 글을 못 써도 책 쓰기는 가능했다. 내가 살아온 이야기, 실패담, 성공담, 깨달은 점 등 모두를 꺼내면 책이 된다는 사실을 알게 되었다. 나의 생각전환으로 용기가 생겼고 실행할 수 있는 계기가 되었다. 이렇게 엄마 작가라는 꿈을 이루는 과정이 시작되었다.

꿈이 생기면 삶의 활력은 무궁무진하게 솟아난다. 삶의 생기는 올바른 방향으로 실행하는 에너지를 준다. 열정이 있는 엄마로 다시 태어나는 기분이다. 무엇보다 엄마가 책을 읽고 글을 쓰는 모습을 아이들이 정말 좋아했다. 아이들과 꿈 이야기를 자연스럽게 나누고 공유하는 것이 일상이 되는 삶에 행복은 덤으로 온다.

'위닝북스'의 권동희 대표가 자주 쓰는 단어가 있다. 바로 '꿈친구'라는 단어이다. 어느 날부터 나는 '꿈친구'라는 말을 매우 좋아하게 되었다. 요즘 나의 가장 큰 행복은 나의 세 아이와 '꿈친구'하기로 우정을 맺은 일이다. 나는 내가 구체적으로 꿈을 꾸고 실행하는 과정을 겪으면서 엄마는 무조건 꿈을 가져야 한다고 깨닫게 되었다. 거창한 꿈이 아니어도 원대한 포부가 없어도 괜찮다. 내가 달성하고자 하는 의지 하나로 삶에서 행복한 과정을 즐기면 된다. 엄마의 꿈은 엄마 혼자만의 꿈이 아니다. 남편과 아이들에게 깊은 울림을 주기 때문이다. 엄마의 꿈이 소중한 이유이다.

내가 만약 직장에 다니지 않았다면 나의 낮은 자존감은 바닥을 치고 지하로 추락했을 것이다. 나에게 일을 선택한 것은 행복을 선택한 것과 같은 결과를 가져왔다. 일하는 과정에서 성장과 발전을 위해 노력하게 된다는 점에서 매우 긍정적이라고 생각한다. 엄마의 꿈은 자녀 교육까지 영향을 미치게 되어 선순환의 구심점이 된다. 작가라는 꿈을 꾸며 일하는 엄마라서 더 행복하다.

세 아이를 만난 건
내 인생 최고의 행복이다

"엄마, 엄마는 원래부터 엄마였어?"

어린 시절 엄마에게 나는 말도 안 되는 질문을 했다. 엄마는 나를 위해 원래부터 엄마로 태어난 것 같았다. 나는 엄마의 냄새, 작은 눈, 작은 키, 모든 것을 좋아했다. 잠잘 때 엄마 옆자리는 항상 내가 차지했던 기억이 있다. 엄마의 젖가슴은 세상 무엇보다 포근하고 따뜻했다.

"엄마가 세상에서 제일 좋아."

말 그대로 엄마가 제일 좋았다. 엄마는 나를 위해 태어난 최적화된 엄마였다. 엄마의 긍정적인 마음과 온전한 헌신이 우리 삼 남매가 건강하고 밝게 자랄 수 있게 한 일등 공신이다.

엄마도 엄마가 있고 어린 시절 추억이 있다는 것을 결혼해서야 가슴으로 진정 깨달았다. 엄마는 원래부터 엄마로 태어난 것이 아니었다. 내가 태어나면서 엄마로서 삶을 살게 된 것뿐이다. 엄마가 아닌 여자로서 살아온 세월은 희로애락의 복합체이다. 내가 보는 엄마는 슬픔이 많을 것 같았는데 엄마는 오히려 기쁨이 많았다고 하신다. 기쁨의 요소는 우리 삼 남매가 전부이다.

어느 날 나를 보니 내가 엄마의 길을 따라가고 있었다. 먼저 경험하신 엄마는 내가 힘들어보이면 "괜찮아. 너 충분히 잘하고 있어."라고 메시지로 힘을 주신다. 어쩌면 나의 강한 마음은 엄마를 닮았는지 모른다. 엄마는 팔자 센 여자라서 악착같이 안 해본 일 없이 온갖 일을 하셨지만 팔자 타령하는 것을 본 적이 없다. 오히려 토끼 같은 아이들이 3명이나 있어서 행복하다 하셨다.

나는 신혼 초 시댁에 가면 농사일을 하시는 시부모님이 너무 힘들어보였다. 돕고 싶어도 힘만으로는 안 되는 것이 농사일이었다. 하루는 요령이 없는 내가 힘으로 망치질하여 고추 말뚝을 박는 일을 도왔다. 그런데 갑자기 하혈하게 되었다. 당시엔 영문도 모르고 그것이 유산인 것도 나중에야 알았다. 임신한 사실을 모른 채 망치질을 했으니 안타까운 일이 발생한 것이었다.

이후 몸을 챙겨 1년 후 첫아이로 딸을 낳았다. 시댁 어른들은 첫딸은 살림 밑천이라며, 다음에 아들 낳으면 된다며 위로를 하셨다. 만신창이가 된 나는 출산의 기쁨도 잠시, 둘째 아이에 대한 부담을 느꼈다. 시골 어른들은 지금까지도 남아선호 사상을 많이 갖고 있다. 딸로 자라면서 겪은 서러움을 아들로 보상받고자 하는 마음이 큰 모양이다.

다행히도 둘째 아이는 아들이었다. 화색이 도는 시어머니의 얼굴은 아직도 생생하다. 여기까지는 좋았다. 문제는 예상치 못하게 셋째 아이를 임신하게 된 것이었다. 시어머니는 경사가 났다며 좋아하셨다. 친정엄마의 입장은 시어머니와 반대였다. 엄마는 딸이 시집가서 워킹맘으로 사는 모습을 안쓰러워했다. 일하랴 애 둘 키우랴 고생하는데 셋째까지 낳는다니, 딸의 고생길이 훤히 눈에 보였던 것이다. 엄마를 이해하지 못하는 것은 아니었지만 선택은 나의 몫이었다.

결국 셋째 아이를 낳고 말았다. 또 아들을 낳았으니 시어머니는 더욱 좋아하셨고 친정엄마는 "아구야!" 하셨다. 양가 부모님과는 타지에서 떨어져 지내야 했기 때문에 도움의 손길을 바랄 수 없었다. 세 아이 육아는 온전히 나의 몫이 되었다.

요즘에 아이들이 내가 엄마에게 했던 질문을 내게 한다.

"엄마, 엄마는 원래부터 엄마였어?"

내가 엄마에게 느꼈던 감정과 같을 것 같았다. 나는 "그래, 처음부터 너희들 엄마 하려고 태어났지."라고 말해주었다. 세상 다 가진 표정은 나의 마음과 같음이 확실하다.

내가 13년 이상 엄마로 살아보니 나의 모성애 스타일을 조금은 알 것 같다. 나는 워킹맘으로 바삐 일하며 아이들을 챙기는 바쁜 엄마 스타일이 맞았다.

전업맘처럼 꼼꼼하게 챙기지 못하다 보니 엄마의 부족한 부분을 아이들 스스로 채워가는 모습을 보게 된다. 오히려 아이들이 나를 챙겨주는 세심함에 감동을 받기도 한다. 이미 아이들은 나의 스타일에 적응이 되었다.

2020년 어느 날, 첫째에게 미안하다고 사과했다. 주방 일을 하며 툭 던진 사과였다.

"엄마가 집에 있으면 청소도 깨끗하게 하고 맛있는 음식도 많이 만들어줄 수 있을 텐데… 그렇게 해주지 못해서 정말 미안하네."
"엄마가 가정부도 아니고, 엄마도 엄마 일을 해야지. 엄마가 그랬잖아, 사람은 일을 해야 한다고."

그랬다. 내가 일을 하기 위해서 아이들을 세뇌를 시킨 결과다. 나는 엄마로 당당하게 성공해야 할 이유가 생겼다. 나의 삶은 아이들의 양분이 될 것이기 때문이다.

경제적 상황으로 워킹맘을 선택했지만, 일은 여자로서 다른 인생의 맛도 보게 해준다. 생계형 워킹맘일지라도 다른 누군가에게 꿈의 대상이 되어주기도 한다. 보잘것없어 보이는 나의 일이 나를 대단한 능력자로 만들어주었다.

내가 세 아이 앞에서 한없이 작아질 때가 있다. 맛있는 음식도 해주지도 못하고 인스턴트 음식을 먹게 하고, 알림장도 제대로 못 봐주고, 준비물 체크도 못 해주고, 빨래는 개지 못해 여기저기 널브러져 있는 상황을 직면하면 죄책감이 든다. 뭐든지 완벽하게 해야 한다는 생각은 나를 불편하게 만들고 목을 조여 왔다. 하지만 정말 두 손만으로 세 아이 육아와 집안일을 완벽하게 하는 것은 불가능했다.

내 손으로 어떻게 할 수 없는 상황에 직면하자 완벽주의를 자연스럽게 내려놓게 되었다. 나는 비로소 숨통이 트였다. 아이들의 미소와 웃음소리를 들을 수 있는 여유도 생겨 때때로 행복을 느낄 수 있었다. 엄마의 강한 의지와 사랑은 행복의 조각이 모여 성장시킨다는 것을 깨닫게 되었다.

배 속에서 10달을 품어 이 세상에 아이들을 내어놓는 일을 3번이나 했다. 출산의 기쁨도 3번을 마주했다. 세 아이 모유 수유로 살을 비비면서 엄마로 행복감도 매 순간 함께했다. 요즘처럼 아이를 많이 낳지 않는 시대에, 애국자이자 정말 대단한 일을 했다고 나름대로 자부심도 생겼다. 엄마 노릇을 잘할 수 있을 것 같은 자신감과 열정도 솟아났다.

그러나 현실의 아이들은 내 마음과 같지 않았다. 아이가 점점 자라면서 '왜 우리 아이는 이럴까?' 하는 불만도 행복이라는 공간에 함께 자라고 있었다. 시간이 지나면서 아이와 함께하는 시간이 항상 행복하지만은 않다는 것을 깨닫게 되었다. 그 원인은 아이가 아니라 나 자신에 있었다.

자신을 돌아보고 내 생각을 내려놓아야 아이가 눈에 들어온다는 것을 알게 되었다. 아이는 결코 나의 얄팍한 지식과 고집으로는 잘 자라주지 않는다. 엄마 노릇을 잘하기 위해서는 유연하게 사고해야 했다. 아이를 낳았다고 다 부모가 되는 것이 아니다.

아이는 신이 부모에게 자기 수양을 하라고 보내준 사람이라고 한다. 그렇다. 태어난 순간 기쁨과 행복으로 가득했던 감정을 이어가기 위해서는 나에 관한 공부를 끊임없이 해야 한다. 지식을 습득하는 것이 아니라, 지식이 지혜가 될 때까지 끊임없이 수양해야만 하는 것이다.

나의 인생 여정에서 세 아이를 만난 것은 하늘이 주신 축복이다. 나의 성장을 돕고 깨우침을 주기 때문이다. 내 인생 최고의 행복은 나의 세 아이와 함께 할 때 완성이 된다.

워킹맘은
두 배로 행복하다

워킹맘의 가장 이상적인 모습은 어떤 모습일까? 사회에서 일도 멋지게 하고 가정에서 육아도 척척 해내는 모습을 상상했다. 암묵적으로 슈퍼우먼을 종용하듯 불편한 느낌을 받는다. 대부분의 워킹맘들은 일과 육아를 잘해야 한다는 부담감을 안고 스트레스 속에서 살아가는 것이 현실이다. 워킹맘들의 고통을 덜어주기 위해 여러 가지 정책이 나오고 있다. 그러나 워킹맘들이 실질적으로 고통을 덜고 도움을 받고 있다고 체감하지 못하는 것 같아 안타깝다.

나는 사무실에서 상담원들의 원활한 실무를 위해 행정지원을 하는 단일 업무로 승진이 없는 직군이다. 근무 기간이 길어지고 상담원들의 승진을 보게 될 때마다 회의감이 들었다. 다른 사람들은 계속 발전하는데 나는 매일 제자리걸음 하는 느낌을 지울 수 없었기 때문이다. 팀장으로 승진해서 자랑스러운 엄마의 모습을 보여주고 싶은데 현실은 그러지 못했다. 나는 점점 어깨가 처졌다. 아동보호 전문기관 시스템을 원망하기도 했다. 또한, 나 스스로를 멋진 엄마가 아니라고 생각을 하게 되었다. 슈퍼우먼 콤플렉스 안에서 허우적대는 악순환에서 벗어날 방법은 없는 것일까.

나는 아이가 어릴 때 아이가 좀 자라면 힘든 환경이 나아지겠지라는 기대를 하기도 했다. 기대와는 달리 스트레스에서 좀처럼 벗어나기가 쉽지 않았다. 근본적인 문제가 해결되지 않는 이상 힘은 계속 든다는 것을 알게 되었다. 아이가 자라면 다른 스트레스가 기다리고 있었기 때문이다. 즉, 스트레스가 줄어들기는커녕 스트레스의 종류만 바뀔 뿐이었다. 육아를 손에서 놓는가 싶으면 교육 문제에 직면하게 되듯이 개인 고유의 사정에 따라 또 다른 힘든 상황들이 기다리고 있을 뿐이었다.

나는 워킹맘 입장에서, 스트레스는 벗어나야 할 대상이라고 생각했다. 스트레스를 해결해야 할 문제로 보고 정답을 외부에서 찾으려는 태도를 보였다. 누구에게나 외부 환경은 100% 제어할 수 있는 대상이 아니었다. 때문에, 스트레스를 해결하고 벗어나려 하면 할수록 악순환이 끊이지 않게 되는 것이었다.

사람마다 각자 다른 환경에서 살아간다. 사막에 가서도 살아남는다고 할 정도로 사람은 환경에 적응하는 능력이 있다. 워킹맘에게 환경에 적응하는 능력은 무엇보다 중요하다. 워킹맘 자신이 행복하기 위해서는 어떤 상황에서도 선순환으로 자신을 변화시키려 노력할 필요가 있다.

클락이라는 연구자는 워킹맘을 '중심참여자'로 표현했다. 일과 가정에 양립하면서 수동적인 존재가 아니라 워킹맘 자신이 중심적인 존재가 되어야 한다는 것이다. 자기 자신만의 프레임을 적극적으로 만들어나가게 되면 선순환으로 변화된다는 것이다. '중심참여자'는 자신의 환경과 장·단점을 정직하게 파악했고 가정이나 사회가 나에게 기대하는 것도 잘 알고 있었다고 했다.

즉 자신과 환경을 아우르는 조망을 갖추고 있었다. 매 순간순간 에너지를 집중할 곳이 어느 곳인지 판단을 해서 행동하는 것이다. 선순환 시너지를 만드는 핵심이다.

나는 일과 양육의 스트레스 해결 방안을 외부가 아닌 내부에서 찾아보았다. 내적인 원동력을 잃지 않기 위해서 자신에 대한 자부심, 일에 대한 성취를 느끼고자 노력했다. 힘든 워킹맘의 삶이 아니라 활력을 얻는 긍정적인 워킹맘의 삶을 선택한 것이다. 나는 가정에서 버팀목이 되기 위해서 선택한 일에 의미를 두었고 자랑스럽게 생각했다.

아동보호 전문기관에서 내가 하는 일은 절대 하찮은 것이 아니라, 상담원들이 편하게 업무를 하도록 돕는 중요한 역할이라고 스스로 대견해 했다. 학대 피해 아동에게 간접적으로 선한 영향력을 끼치고 있는 업무가 자랑스러웠고 일에 대한 자부심도 생겼다.

나는 스스로 삶의 균형을 잡으려고 부단히 애쓰고 있는 모습, 자부심을 내면에 장착하는 노력은 결코 헛된 일이 아니라고 생각한다. 내가 워킹맘으로 살아가는 정서적인 원동력이 되기 때문이다.

일의 의미는 내가 일을 대하는 태도에 의해 만들어진다. 어떤 일을 하는가는 중요하지 않다. 즉 일의 종류가 나의 행복을 결정하지는 않는다.

어머니가 하신 일 중에 수건공장에서 일할 때가 있었다. 수건공장은 집에서 걸어 5분 거리에 있다. 내가 초등학생 시절 어머니는 우리 삼 남매에게 공장을 구경시켜주셨다. 어머니가 앉아서 일하는 의자도 보여주시고 어떤 일을 하는지 설명해주셨다. 어린아이들만 집에 놔두고 일해야 하는 어머니는 안전에 대한 걱정이 많으셨다. 우리 삼 남매에게 심리적으로 안정감을 주기 위한 방침으로 공장 견학을 해주신 것이었다.

하루는 동네에서 놀고 있는데 어머니가 일하는 공장 쪽에서 시커먼 연기가 올라오는 것이었다. 무슨 일인가 해서 공장으로 달려갔는데 아니나 다를까 공장에 불이 난 것이었다. 어린 마음에 엄마를 울부짖으며 공장 앞에서 어머니를 애타게 찾았다. 어머니는 다행히도 큰불이 나기 전에 맨발로 나오셨는데 동료분이 안 나오고 있어서 기다리셨다는 것이었다. 불길이 거세져서 더 기다리지 못하고 발길을 돌리셨다고 했다. 큰 화재로 사상자가 난 큰 사건이었다. 지금 다시 생각해도 나를 아찔하게 만드는 사건이었다.

어머니는 일하고 받는 월급으로 맛있는 것을 항상 사주셨다. 어머니는 우리 삼 남매 입에 먹을 것을 마음껏 넣어줄 때가 가장 행복하다고 말씀하셨다. 먹고 싶은 것을 마음껏 먹을 수 있는 시절이 아니었기 때문이다. 어머니는 일을 할 때 아이들 상상을 하면 육체적인 고됨이 싹 가신다고 했다. 만약에 어머니가 전업맘으로 집에만 있었다면 과연 어머니는 행복하셨을까? 넉넉한 형편이라면 모를까 모두 먹고살기 어려운 시절에는 닥치는 대로 일을 하셨다. 대부분 생계형으로 일터로 나간 것이다. 그럼에도 불구하고 어머니의 얼굴은 항상 밝은 것으로 기억한다. 일을 해서 아이들에게 무엇인가를 해줄 수 있다는 것에 보람을 느끼셨다.

어쩌면 육아 지식과 정보가 많지 않았던 예전 어머니 세대가 더 행복하지 않았을까 생각한다. 요즘은 객관적인 지식과 정보가 차고 넘치는 시대이다. 반면에 행복 지수는 예전에 비해 더 낮다. 많은 정보를 받기만 할 뿐 내 것으로 소화하지 못하면 오히려 역효과만 부른다. 나의 것으로 소화하도록 집중적으로 노력을 해야 한다. 정보 수집과 동시에 선택과 집중이 필요하다. 엄마와 아이에게 맞춰진 나름의 고유 정보화가 되어야 하기 때문이다.

현장의 워킹맘들은 스트레스라는 파도를 피하지 말고 적극적으로 올라탈 필요성이 있다. 지나간 시간 후회하지 말고 아직 오지 않은 앞으로 시간을 걱정하지 말자. 현재 주어진 오늘의 삶을 충만하게 살아보자.

일과 육아를 양립하는 기간이 긴 만큼 긍정의 반응이 더 높아진다. 극에 달할 만큼 힘든 상황을 경험하면서 역경을 이겨 나가는 경험치가 쌓이게 된다. 역경을 지나고 나면 삶의 폭이 자동으로 넓어지게 된다. 또한, 억지로라도 이해를 해야 하므로 소통 능력을 키우게 된다. 이렇게 나와 아이에 대한 이해의 폭이 넓어져 더 친해지게 된다.

나는 워킹맘으로 힘든 일도 많이 겪었지만, 그 힘든 상황조차도 무엇과 바꿀 수 없는 큰 보람이자 행복이었다고 생각한다. 행복은 억지로 가져갈 수 있는 것이 아니다. 내가 만들어가는 것임을 명심하자.

착한 엄마 콤플렉스를 벗어나면 행복하다

콤플렉스란 감정의 복합체를 뜻한다. 종종 한 가지의 부정적 감정이라고 오해를 받기도 하지만, 여러 감정의 복합체라고 이해해야만 한다.

착한 엄마 콤플렉스는 부정적인 감정 또는 긍정의 감정을 숨긴 채 항상 착해야 한다는 심리 상태에서 발생한다. 아이의 잘못된 행동이나 말을 인지했음에도 제대로 된 훈육을 하지 못한다. 엄마의 훈육이 아이 마음에 상처를 낸다고 생각하기 때문이다. 결국 아이의 문제는 점점 커져서 손쓸 수 없게 되는 상황까지 치닫게 된다. 착한 엄마 콤플렉스를 가진 엄마는 아이와 동시에 좌절을 맛보게 되는 악순환으로 이어지는 것이다.

나는 어린 시절 어른들 말 잘 듣는 착한아이로 자라는 것이 최고의 미덕으로 알았다. 착한 생각, 착한 말, 착한 행동을 하면 칭찬받고 그렇지 않으면 꾸중을 들어야 했다. 착하다는 말은 나의 기준이 아니었다. 다른 사람이 나를 착하다고 평가하는 것이다. 남의 기준에 맞추어 착한 아이로만 자라게 되어 문제점이 나타나는 것이다. 내 안의 나를 발견하고 내면의 소리를 내보지 않았기 때문에 나의 솔직한 감정을 드러낼 때 착한 아이가 아니라 못된 아이라는 죄책감이 들었다. 부정의 감정은 무조건 나쁜 것이라서 드러내면 안 되는 줄 알았다. 마음속에 꼭꼭 숨겨야만 하는 것이었다.

나의 '착한 아이 콤플렉스'는 '착한 엄마 콤플렉스'까지 이어졌다. 내가 무의식적으로 하는 생각과 태도가 아이를 양육하는 과정에서 여과 없이 드러나는 것이었다. 아이의 부정적인 감정에 예민하게 반응했고 차단하기 위해 화를 내는 모습을 보게 되었다. 아이의 개성을 무시하는 나의 처사는 착한 엄마 콤플렉스와 충돌하며 내면의 갈등 내면에 갈등을 유발했다. 착한 아이로 키우기 위해서 착한 엄마를 벗어던지는 순간이 생기게 되었다. 아이에게 악마 같기도 하고, 때로는 엄마가 아닌 것 같았다. 문제는 이후에 발생했다. 자책하며 괴로워하게 된 것이다. 악순환의 반복은 가정 내 행복을 파괴하는 주요 요소이므로 끊어야 마땅하다.

착한 엄마 콤플렉스를 가지고 있는 엄마는 항상 아이에게 미안한 감정을 느끼고 있다. 충분히 보듬어주고도 더 못 해줘서 미안해하고, 다른 아이들과 비교하며 자신이 못하는 점만 후벼판다. 또한 스스로 전업맘보다 육아에 대한 정보가 적다고 생각한다. 그러다 어느 순간 과부하가 걸려 자신을 질책하고 만다.

워킹맘은 전업맘과 비교하며 시간 대비 노력을 2배, 3배 기울이고자 한다. 그러나 슈퍼맘으로 살아야 만족할 수 있다는 생각은 버려야 한다. 설사 슈퍼맘이 된다고 해도 항상 슈퍼맘에 대한 갈증은 가시지 않을 것이다. 워킹맘이 전업맘보다 마음의 고충이 큰 이유 중 하나이다.

이럴 때 잠시 멈추어 생각을 정리하는 시간을 갖는 것이 중요하다. 자신이 생각하는 좋은 엄마란 어떤 모습인지. 행복한 아이들의 이미지는 어떤 것인지. 속상한 내 마음의 진실은 무엇인지 찾아보아야 한다.

모든 해결책은 나로부터 시작된다는 점을 잊지 말아야 한다. '나는 2% 부족한 엄마야.'가 아니라 '나는 2% 부족해도 최선을 다하는 훌륭한 엄마야.'라고 생각하는 것이 중요하다. 자신을 있는 그대로 인정하고, 자신의 긍정적인 측면을 꺼내보는 것이다. 육아 정보와 지식을 통해 아이가 눈 밖에 벗어나 있다는 사실을 알게 되면 아이를 가슴으로 품어보자. 많은 정보 속에 허우적거리다가는 허송세월만 하게 된다. 갈팡질팡 마음만 분주한 실속 없는 엄마로 전락한다. 한 가지라도 제대로 실천하는 것부터 시작하자.

나의 착한 엄마 콤플렉스를 내가 아닌 제삼자 입장에서 바라보는 것도 많은 도움이 된다. 남들이 보기에는 별것 아닌 것들인데 내가 느끼는 체감으로는 커다란 짐짝 같기 때문이다. 내가 처한 상황을 다른 이의 입장에서 생각해보는 유연성이 필요하다. 자신과 대면하는 시간은 짐을 덜 수 있는 절호의 기회가 될 수 있다. "이 상황에서 남들이 이렇게 생각한다면, 나는 그 사람에게 무슨 말을 해줄 수 있을까?"라고 질문을 던져보자. 나를 남 대하듯 해보면 짐짝이 깃털처럼 가볍게 느껴질 것이다.

나는 일이 늦어져 늦게 퇴근한 날 또는 몸이 피곤에 절어 천근만근이면 아이들 알림장의 준비물을 챙기지 못할 때가 많았다. 아침에 확인하게 되어 미처 챙겨 보내지 못할 때도 부지기수다. 아이들이 여러 차례 툴툴거렸다. 학교에 가서 불편함을 겪자 엄마를 대신해서 스스로 챙기는 태도를 보였다. 엄마의 꼼꼼하지 못한 성격에 빈 구석이 보이면 아이들은 자기 자신을 믿어야겠다고 생각하는 것 같았다. 아이들은 엄마에 대한 기대치를 조금씩 낮추어 적응해 나갔다. 아이 스스로 처리하는 능력은 단단한 아이로 성장하는 발판이 된다.

워킹맘이건 전업맘이건 아이들에게 미안한 마음은 모두 갖게 되는 것 같다. 착한 엄마 콤플렉스 안에서 항상 부족한 엄마로 생각한다. 엄마가 아이에게 특별히 잘못한 것이 없음에도 죄인처럼 쩔쩔매고 미안해한다. 그렇지만 한편으로는 아이에게 든든한 엄마로서 제 역할을 다하고 싶기도 하다.

아이가 세상이라는 무대에서 넘어지거나 삶의 방향을 찾지 못할 때가 있다. 많은 변수 속에서 스스로 극복하려는 의지는 자립심이 되어 성장 발판이 된다. 따라서 엄마는 아이에게 든든한 길잡이의 모습으로 바로 서 있어야 한다. 일하고 있든, 집안 살림을 하든 떳떳하고 당당한 엄마가 되자. 미안한 마음 대신 진실된 마음으로 아이가 자랑스럽게 느끼는 엄마가 되도록 노력해야 할 필요가 있다.

내가 책 집필을 시작하면서 아이들과 대화한 내용이다.

"엄마가 책 좀 써볼까 하는데, 어떻게 생각해?"
"엄마가? 책을? 진짜야?"
"응, 엄마 이름으로 된 책을 쓰고 싶었는데 이번 기회에 도전해보려고 해."
"와! 엄마 진짜 대단하다. 엄마는 할 수 있어. 최고!"

아이들이 더 흥분했다. 특별히 내세울 것 없는 지극히 평범한 인생이지만 용기를 갖고 완성된 책을 상상하며 야심차게 시작했다. 여자로서 엄마로서 힘들었지만 근사한 엄마라는 것을 책으로 보여주고 싶었다. 나의 육아휴직 기간과 아이들 방학 기간은 절호의 기회였다. 이번 기회가 아니면 영원히 쓸 수 없을 것 같았다.

책 쓰기는 생각했던 것 이상으로 쉽지 않았다. 밤새워 썼다 지웠다 수없이 반복했다. 괜히 시작했다는 후회로 그만두고 싶은 심정이 들기도 했다. 그럴 때면 아이들이 엄마에게 기대하는 마음과 응원을 떠올렸다. 나는 물러설 수 없었다. 아이들이 삶에서 힘든 상황을 만나면 포기보다 도전을 선택하게 해주고 싶었기 때문이다.

책을 쓰면서 내 안의 나와 마주하게 되었고 삶을 돌아보는 계기가 되었다. 객관적으로 나를 보고 반성과 힐링을 통해 비워내고 희망을 채우게 되었다. 어제와 다른 나로 성장하고 있는 모습에 감사하고 행복했다.

나는 완벽해지기 위해서가 아니라 더 나은 나를 만들기 위해 책 쓰기를 선택했다. 책 쓰기를 하는 과정에서 조금 더 노력하는 엄마가 되었다. 엄마의 소중한 가치는 지금에서 조금 더 노력하려는 것이 전부가 아닐까 한다. 조금 더 노력하는 것이 어렵다는 것을 엄마가 되고서 알게 되었다.

착한 엄마 콤플렉스에서 갇혀 있지 말고 세상에 나와 당당한 엄마의 인생에 도전하자. 지나간 일은 후회스럽더라도 의미 있고 옳은 일일 수도 있다. 엄마의 죄책감에서 벗어나 자유로워질 필요가 있다. 한없이 좋은 엄마, 착한 엄마만 되려는 환상을 벗어야 하는 이유다.

우리는 모두 완전하지 않은 인간이다. 그저 삶을 살아가며 넘어지고 다시 일어서는 과정을 통해 성장하는 것이다. 내일은 오늘보다 나을 것을 믿고 세상과 마주하자. 행복한 자신과 마주하게 될 것이다.

일 중독에서
벗어날 수 있었던 비결

'일 중독이란 무엇일까? 나는 일에 중독된 것일까, 아닐까?'

중독의 기준은 집착하느냐, 하지 않느냐에 따라 중독 여부를 판단할 수 있다. 중독을 많이 사용하는 단어는 알콜 중독, 커피 중독, 니코틴 중독, 일 중독 등 좋은 의미로 사용되지 않는다. 마약성과 같은 의미로 부정의 단어이다. 내가 어떤 것을 그만두려고 마음먹었는데 그만두지 못하면 중독이고 집착인 것이다. 반대로 내 의지대로 조절 가능한 상태는 중독이라고 하지 않는다.

업무량이 많아질 때면 '언제까지 이 일을 해야 하지? 그만두고 싶다.' 이런 부정적인 생각이 나를 지배한다. 이런 생각이 들면 '에이, 돈은 누가 벌어? 그냥 하지 뭐.' 하며 스스로 차단하고 어떻게든 일에 맞선다.

내가 직장 동료들에게 자주 하는 말이 있다.

"이왕에 내가 할 일이라면 투정 부리지 말고 책임감을 갖고 하자."

이것은 수용적인 태도를 긍정이라고 생각한 나머지 입을 원천봉쇄하는 것이었다. 그래서 각자에게 주어진 업무가 많은 양인지 적당한 양인지 구분하지 못한 채 힘이 들어도 하게 되는 것이다. 마무리하지 못한 일은 집에 가서도 계속 생각난다. 이것이 바로 일 중독이다.

이런 생활이 지속되면 삶이 우울해진다. 내가 그랬다. 자존감이 내려가 우울해지곤 했다. 평소에 즐거운 마음으로 일을 하다가도 순간 우울한 감정이 든다. 그럴 때면 '내가 뭐 하는 거지? 다른 사람은 괜찮은 것 같은데 나만 힘든 걸까? 그동안 내가 가식적으로 일을 했었나?' 하고 미안한 마음도 들었다.

내가 근무하는 직장의 퇴사율을 보면 장기근속자 퇴사율은 감소하는 반면 신입직원, 근무연수가 적은 직원의 퇴사율은 높다. 오죽하면 대리가 되기까지(3년)만 참으라고 할 정도이다. 나는 생각했다. 대리가 되기까지 훈련받은 업무의 강도는 결코, 약하지 않다. 능력이 쌓여, 승진이 되기도 하지만 대부분 일 중독에 빠져 지낸다. 이것은 일 중독이 될 정도로 많은 업무를 감당해야 승진이 된다는 의미이기도 하다. 근무 기간이 길어질수록 일을 손에서 놓으면 불안하기 때문에 삶의 질은 계속 떨어진다. 그렇다고 일을 잘하는 것은 아닌데 말이다. 이런 상황에서는 어떤 일을 하든지 의미가 없다.

나도 일과 육아를 모두 잘해야 한다는 집착으로 인해 중독에 빠졌다. 일 중독, 육아 중독이다. 집에 오면 회사 일이 생각나고, 회사에 출근하면 육아가 생각나는 것이었다. 집착이 습관이 되고, 중독이 되었다. 일을 멈추고 싶어도 일을 그만두면 뭘 해야 할지 고민이고, 고민이 해결되지 않아 멈출 수 없었다. 일을 당장 그만두어도 아무렇지 않은 삶을 살고 싶었다.

과거에 나는 일은 일, 휴식은 휴식이라고 구분하지 못했다. 이제는 일을 마친 후에 갖는 휴식은 일의 연장선이라고 생각을 바꾸었다. 일을 더 잘하기 위해서는 반드시 휴식이 필요하기 때문이다. 몸이 아프면 건강을 위해서 모든 것을 내려놓고 쉬어야 한다. 아픈 몸을 혹사하면서 일과 양육에 매진하는 것은 바로 코앞만 보는 것과 같다. 시각을 좀 더 멀리 두고 일에 임하는 현명한 엄마로 깨어 있어야 한다.

일 중독을 벗어나지 못하면 자기도 모르게 결벽증까지 생기는데, 이것만은 피해야 한다. 일 중독으로 우울증이 심해지면 원인을 육아에서 찾는 사람들이 있다. '아이 때문에~' 라며 내 인생의 걸림돌이 아이라고 생각하게 된다. 아이가 원인이 아니라 자신의 내면의 이유로 우울증이 나타난 것이라는 것을 알아야 한다.

이 세상에서 제일 중요한 일은 아이를 키우는 일이다. 부모가 아이를 키워 주었기 때문에 우리가 여기까지 올 수 있었다. 이렇게 계속 생명이 유지된 비결은 부모가 아이를 자기 목숨보다 더 소중하게 여겼기 때문이었다. 그렇지 않으면 우리는 세상에 없을지도 모른다.

엄마와 아이 모두 자기가 자기 삶을 살아야 한다. 하지만 아이가 성인이 되기 전까지는 도와주어야 한다. 부모라는 이유보다 보호자이기 때문에 돌보아야 한다고 생각하자.

엄마는 아이를 자기 목숨보다 더 소중하게 키우면 자존감 있는 아이로 자라게 된다. 아이가 엄마의 마음을 알기 때문이다. 하지만 일이 우선이 된다면 아이는 자기는 첫 번째가 아니고 두 번째라고 생각하게 된다. 때문에, 아이는 자존감 없는 아이가 된다.

워킹맘에게 업무란 삶의 성취감과 보람을 얻을 수 있는 의미 있는 일이다. 내가 아이 때문에 희생되었다고 생각하는 것은 위험하다. 아이를 내 인생의 장애물로 보지 말아야 한다. '아이가 있어 엄마로서 더 행복하다.'라는 생각을 나의 중심에 두고 임해보자. 아이는 장애물이 아니라 나와 함께 동반 성장하는 동료가 될 것이다.

나는 일을 하는 이유에는 경제적인 부분이 컸다. 이런 이유로 일이 우선순위가 되기도 했다. 많은 일 욕심 때문에 더 많은 일로 일상을 채우기에 급급했었다. 책임이라는 이유로 일을 집으로 가지고 와서 정신을 온통 일에 쏟았던 적도 있다. 우선순위가 바뀌어 아이들에게 소홀히 대했던 내가 한없이 후회되었다. 아이가 우선순위에서 밀리게 되니 방치가 된다는 것을 경험하고, 깨달았다. 일해야 한다는 이유로 제대로 보호를 받아야 마땅한 아이들을 돌보지 못해 미안한 마음이 컸다.

큰 아이는 엄마가 집에서까지 일하는 모습에 서운한 마음이 컸다고 했다. 나는 아이들이 엄마가 고생하는 모습을 이해해주고 나아가 엄마를 인정해주길 기대했는데 전혀 다른 반응에 놀랐다. 나는 정신이 번쩍 들었다. 미래의 우리 가정은 위로는커녕 상처만 가득할 것이 두려웠다. 나와 가정을 위해서 생각과 행동을 변화해야만 했다.

'나의 행복은 나의 세 아이다.'라는 생각에 집중했다. 세 아이와 함께 성장하기 위해 일을 하는 것이고, 스스로가 아이의 보호자 역할을 하고 있다는 것을 때때로 의식했다. 나는 각성했다.

2019년 법정 근로시간이 주당 52시간을 초과할 수 없게 하는 법안이 통과되었다. 야근 업무를 지양하고 일명 정시 퇴근을 해야만 했다. 퇴근 시간이 되어도 끝내지 못한 일이 남아 있으면 기한을 연장하거나 다른 대안을 찾아야 했다. 직장 동료들 사이에 신기한 현상이 일어났다. 대부분 시간 내 일을 마치기 위해서 업무시간에 더 집중하는 모습을 보였다. 퇴근 이후의 시간은 자기계발이나 취미활동 시간으로 적절하게 활용하면서 삶의 활력을 찾게 되었다.

나 역시 저녁 시간을 온전히 가족과 함께하는 시간으로 채웠다. 온 가족이 함께 식사를 하며 나누는 담소는 일상의 행복을 찾기에 충분했다. 아이들 표정에서는 행복감과 안정감을 느낄 수 있었다. 나와 남편은 아이들 관심사에 적극적으로 반응하는 부모로 변화되었다. 무엇보다 육아와 교육을 고민하고 해결하는 동반자로 자리매김해 더 단단한 부부가 되었다.

좀 더 단단하고 강한
워킹맘이 되어라

"시간을 남에게 빌릴 수도, 돈을 주고 살 수도, 저장해두었다가 꺼내 쓸 수도 없다."

피터 드러커의 말이다. 성공한 사람들은 각오를 다지고 시간 관리에 철두철미했다. 시간 계획을 세우고 주어진 시간에 집중하여 실행한다. 효율적인 하루는 시간 관리에 따라 결정된다. 나아가 삶의 만족도나 생활 수준도 달라지고 성공자의 삶을 살게 되는 것이다.

워킹맘이 가장 많이 하는 말이자 자기 합리화하기 쉬운 말은 아마도 '시간'일 것이다. 실질적으로 일과 육아에 전념하다 보면 삶이 많이 분주한 것은 사실이다. 시간 관리를 하지 않으면 5년 뒤, 10년 뒤에도 계속 바쁘게 살게 된다. 바쁜 것도 습관성이기 때문이다. 워킹맘의 바쁜 일상일수록 시간 관리는 필수이다. 시간을 계획성 있게 사용하는 사람은 한 달을 하루처럼 효율적인 하루를 만든다. 그렇지 않으면 시간이 늘 모자라서 바쁜 일상을 다람쥐 쳇바퀴 돌듯한다.

나는 성공자의 삶과 반대가 되는 삶을 그동안 살아왔다. 나에게 계획 없이 오늘 당장 해결해야 할 일부터 생각나는 대로 행동하며 살았다. 아침 챙겨 아이들을 학교에 보내고 직장에 출근하여 업무를 하고 퇴근하여 아이들을 챙기느라 시간에 쫓겨 바쁜 일상의 연속이었다. 문득 정신이 들면 나에 대해서 생각했다.

'나는 왜 이렇게 바쁘고 쉴 틈이 없을까? 바쁘기만 한 삶은 언제 끝이 날까? 아니, 끝이 나기나 할까?'

한없이 우울한 생각으로 가득했다. 엄마의 시간, 아내로서의 시간, 사회인으로서 시간도 필요하지만 나 자신만을 위한 시간이 없었기 때문이다. 제대로 먹지도 쉬지도 못하는 워킹맘의 삶은 워킹맘 자신이 빠진 삶이다.

나는 책 쓰기를 통해 행복의 균형을 잡기 시작했다. 효율적인 시간 분배에 나의 꿈 '책 쓰기'를 넣자 삶의 활력은 물론 가정 내 행복 바이러스가 전염되는 것이 느껴졌다. 책 쓰기를 위해 잠자는 시간, 집안일 하는 시간을 줄여서라도 나만의 시간을 만들었다. 몸이 조금 피곤해도 미래를 상상하며 나아가는 일은 오히려 정신적인 에너지원이 되었다. 내 삶의 주인이 남이 아닌 나로 살기 때문이다.

워킹맘은 여러 가지 일을 동시다발적으로 척척 해내야 한다. 처음에는 못할 것 같지만 신기하게도 해내고 있는 자신을 발견하게 될 것이다. 자신을 계속 단련하는 워킹맘의 삶은 분명히 업그레이드가 가능한 것이라고 믿는다.

나는 삶의 성장을 위해서, 사람답게, 나답게 살기 위해서 하루 시간 중에 오로지 나 자신을 위한 시간을 넣었다. 매일매일 실행하여 몸에 익숙해지도록 습관화하는 것도 잊지 않았다.

자투리 시간이 많다는 것과 자투리 시간을 합치면 큰 덩어리가 된다는 것을 깨달았다. 조각난 채 버려졌을 시간을 책 읽는 시간 또는 책 쓰는 시간으로 할애했다. 워킹맘 자신에게 의미 있는 시간은 내실 있는 삶을 영위하게 한다.

요즘 워킹맘들은 체력적으로 많이 약하다. 그들의 자기 관리의 한 방편으로 다이어트를 빼놓을 수 없다. 그러나 과도한 다이어트는 삶의 의욕을 상실하게 하는 원인이 되기도 한다. 한약 다이어트, 향정신성의약품 다이어트 등 수없이 많은 약에 의존해서라도 다이어트를 하겠다는 의지가 확고하다.

워킹맘의 강인한 체력은 일과 육아 양립에 필수 조건이다. 체력이 뒷받침해주지 못하면 일은 물론 육아까지 와르르 무너진다. 강인한 체력은 강한 정신력에서 나온다는 사실을 명심해야 한다. 또한 워킹맘의 에너지는 빠르게 소진되기 때문에 충분히 공급하지 않으면 에너지가 부족한 상태가 된다.

몸도 힘든데 남편이나 가족들로부터 언어적 상처를 받기라도 하면 마음속에서 갈등이 생긴다. 끊임없이 '내가 돈이나 제대로 버나, 아이를 제대로 키우고 있나?' 하고 갈등이 이어진다. 급기야 죄책감으로 가득 차 경단녀가 되는 유혹에 이끌한다.

아이가 고열이라도 나면 이러지도 저러지도 못해 죄책감이 드는데, 이로 인해 일을 그만두어야 하나 고민한다. 초등학교 입학 무렵이 되면 일을 그만두는 시점을 고민하고, 입학 이후는 학습이 걱정되어 고민하게 된다. 아직 끝나지 않았다. 아이가 사춘기가 되어 갈등이 생기면 이루어놓은 모든 것이 무너지는 것처럼 느껴 좌절하기도 한다. 이렇듯 일을 그만두는 것에 대한 유혹은 종류만 다를 뿐 항상 존재한다.

만약에 아이가 크게 아픈 경우에는 사회적 역할을 줄일 필요가 있다. 이를 제외하고는 엄마가 버텨야 한다고 생각한다. 왜냐하면, 엄마가 사람으로서 인정받고 경력을 쌓아가는 것도 중요하기 때문이다. 엄마 자신으로서 가지고 있는 삶의 그림을 먼저 그려보는 것에서 출발한다. 나의 미래, 미래의 엄마 모습, 엄마의 꿈을 그려보자. 그리고 나의 주변에서 도움을 받을 수 있는 부분을 찾아보자.

사실 아이의 직접적인 돌봄의 갈등은 초등학교 저학년이 되면 어느 정도 끝이 난다. 돌봄 양육은 길게 봐야 10년이다. 그 10년 사이에 그만두면 내가 원래 그린 그림으로 돌아가기가 어렵다. 전업맘 아이가 워킹맘 아이보다 공부를 더 잘하는 것 같아도, 실제로는 별다른 차이가 없다. 워킹맘 자녀로 훌륭하게 자란 아이들도 얼마든지 많이 있다. 꿈이 있는 엄마의 삶을 보고 자란 아이들은 결코 아무런 생각 없이 자라지 않는다. 오히려 자립심이 자라나 스스로 삶을 계획하고 실행하는 아이들이 된다.

나는 아이들과 스킨십을 많이 하는 편이다. 특히 서로 포옹하는 것을 좋아한다. 포옹하고 귀에 "엄마가 많이 사랑해."라고 속삭이면 아이는 내심 좋으면서도 간지럽다고 웃는다.

워킹맘으로 살아오면서 죄책감이 들 때가 가장 힘들었다. 아이들에게 미안하다는 말을 수없이 했다. 잠자고 있는 아이의 모습을 바라보면 눈물이 먼저 나왔다. 모든 것이 미안한 엄마였다.

그런데 '미안하다.'라는 말은 아이들을 의기소침하게 만들었다. 결과적으로 엄마가 일하는 것이 잘못된 것이라는 인식을 심어준 것뿐이라는 것을 깨달았다. 엄마 역할에 자신이 없고, 스스로 만족하지 못했기 때문에 미안하다고 생각했던 것이었다.

나는 죄책감을 벗고 당당한 엄마가 되기 위해 말버릇부터 고쳤다.

"너는 좋겠다. 엄마처럼 훌륭한 엄마를 만나서."

엄마의 죄책감이 아니라 엄마의 자부심을 보여주기 시작했다. 미안하고 슬픈 감정에서 자부심 있고 행복한 모습으로 탈피하고 싶었다. 밝고 긍정적인 아이는 엄마로부터 시작된다. 그러니 내가 먼저 변해야만 했다.

엄마와의 긍정적인 학습을 반복하면 아이는 일상에서 어렵지 않게 행복감과 자부심을 가지고 갈 수 있다. 아이는 엄마가 없는 순간에 오히려 더 큰 독립을 향해 나간다. 자기 삶을 잘 구성하는 아이로 충분히 잘 크는 아이가 된다. 아이가 컸다고 스킨십을 멈추지 말자. 스킨십은 아이와 함께 공유할 수 있는 공간을 만드는 열쇠가 되기 때문이다. 아이와 좋은 관계는 행복감을 증진시킨다.

워킹맘들이 더이상 죄책감으로 괴로워하지 말고 죄책감에서 벗어나길 희망한다. 죄책감은 나약한 엄마로 보이게 만든다. 등대와 같은 엄마의 불빛이 약하면 아이들은 길을 잃을 수도 있다. 더 잘해주고 싶은 미안한 마음 대신 긍정의 행동으로 더 표현하자. 워킹맘 스스로가 일과 육아를 하는 위대한 엄마라는 사실을 기억해야 한다. 이러한 사실만으로도 자부심을 느끼기에는 충분하다.

시간 분배를 잘하여 균형 잡힌 삶에 초점을 맞추면 많은 유혹에 이끌리는 팔랑귀가 되지 않을 것이다. 워킹맘 자체만으로 이미 당당하고 멋진 엄마라는 사실을 잊지 말자.

무엇을 하든
행복이 1순위다

당신 인생의 1순위는 무엇인가? 사람들은 행복을 위해서 인생을 살아가는 것에 많은 의미를 둔다. 현재 불행하다고 느낀다 해도 미래의 행복이라는 희망을 보고 부단히 노력하기도 한다. 더 나은 미래의 행복을 위해 현재를 투자하고 고통을 참고 인내한다. 오늘 얻지 못한 행복은 내일 얻을 수 있다고 착각하고 믿는다. 안타깝게도 희망이라는 근사한 말로 오늘의 불행을 포장한 사실을 알지 못한 상태로 삶을 이어 간다.

나는 행복하기 위하여 모든 순간을 선택했다. 학교도 직장도 결혼도 워킹맘도 모든 것은 나의 선택으로 이루어졌다. 지난 시간을 되돌아보니 나의 선택 기준은 경제적인 측면에 많이 치중되어 있었다. 지금 행복의 기준은 돈이 전부가 아님을 깨달았지만, 그것을 깨닫기 전까지만 해도 돈이 많으면 행복할 것만 같았다. 물론 부는 많은 부분을 채워준다. 그러나 채워도 끝이 없는 것이 사람 욕심이라고 했다. 부를 채워도 공허한 마음인 이유다. 이는 내부에 있는 행복을 외부에서 찾으려 하기 때문이다. 나의 행복은 내면을 들여다볼 줄 안다면 돈이 없어도 얼마든지 행복할 수 있다는 말이 된다.

첫째 리원이가 나에게 물었다.

"엄마, 엄마는 과거로 돌아갈 수 있다면 언제로 돌아가고 싶어?"
"엄마는 지금이 너무 행복해. 다시 돌아가고 싶지 않아. 40대가 얼마나 좋은지 알아?"
"그래도 그런 생각해본 적 있지 않아?"
"예전으로 다시 돌아간다면 너희를 만날 수 없잖아. 엄마는 지금이 가장 좋아. 그래서 싫어."

어린아이에게 예전으로 다시 돌아가겠다고 하면 현재를 부정하게 되어 상처를 줄 것만 같았다. 나는 지금이 가장 행복해서 돌아가고 싶지 않다는 말을 해주고 싶었다. 활짝 핀 아이 얼굴을 보는 것이 나의 행복이자 삶의 에너지로 충전되기 때문이다.

나는 세 아이를 낳고 워킹맘으로서 삶이 고되게 느낄 때는 타임머신을 타고 과거로 가고 싶기도 했었다. 과거로 가면 무언가 더 나은 상황일 것만 같고 더 나은 선택을 할 수 있을 것 같았다. 어려운 상황을 벗어나기 위해 회피하고 싶은 마음이 컸다. 신세 한탄에 팔자타령에 온갖 것을 다 붙여 불행의 아이콘으로 나를 포장하였다. 고귀한 나의 삶을 망치는 주범은 다른 사람이 아닌 나였다.

'오늘을 내 것이라 말할 수 있는 사람만이 행복하다. 내일이 아무리 힘들지라도 오늘을 산다고 말할 수 있으니까.'

드라이든이 한 말이다. 사람들은 미래의 행복에 많은 기대를 건다. 오늘을 즐겁게 살 수 있는 기회를 놓친 채 내일을 위해 살고 있다. 그리고 내일이 와도 내일은 여전히 내일이다. 우리는 이미 가장 행복한 오늘을 살고 있다는 사실을 믿지 않고 미래의 행복한 시간이 올 것이라고 기대만 한다. 이미 행복으로 가득 찬 오늘의 시간을 낭비하는 꼴이다.

사람들은 과거에 연연하여 현재의 자기 자신을 비참하게 만들기도 한다. 과거의 실수나 지난 시간을 후회하면서 오늘을 방해하고 망쳐버린다. 이런 어리석은 자는 행복을 어느 곳에 가도 찾을 수 없다. 과거의 불행이 현재를 암울하게 한다면 잊어야 하는 것이 마땅하다.

오늘 누려야 할 행복은 과거의 불행, 미래의 기대 때문에 사라지게 된다. 현재 내가 힘든 상황일지라도 그 안에서 행복을 만들어 낸 사람만이 진정 행복하다고 말할 수 있는 사람이다. 행복이 거창한 곳에만 있지 않다. 이상적이지 않은 환경에서도 누구든지 행복을 만들어낼 수 있다. 오늘의 삶이 불행해 보여도 행복을 빼앗기지 않겠다고 자신과 무언의 약속으로 지켜야 한다.

나는 '성공하면 당연히 행복이 오는 것이다.'라고 생각했다. 성공이라는 목표를 정해놓고 이루기 위해 달려가야 하는 삶을 살아갈 때 행복을 쟁취할 수 있다는 생각이 나를 지치게 했다. 지금 당장 만족감, 행복감을 느끼지 못하는데 저 멀리 있는 목표를 향해 달리면서 몸과 마음에 상처를 입기도 했다. 나는 상처에 아랑곳하지 않고 넘어지면 다시 일어나 달리는 삶에 익숙해졌다. 나보다는 아이들과 가족들을 생각하며 미래의 행복을 위한 이유였다.

나는 행복하기 위해 나의 삶을 살아간다고 말하지만, 사실은 주변 사람들의 행복이 나의 행복이라고 믿었다. 나를 위해 무엇을 한다는 생각은 나를 불편하게 만들었다. 그렇지만 내가 가진 것이 많지 않아 그것만큼 불행한 일도 없었다. 욕심을 내서 쟁취하고 싶었으나, 내면의 불편한 마음과 충돌하게 되어 흐지부지되는 경우가 많았다. 때문에, 남들이 말하는 성공한 삶을 이루지 못한 채 살아가는 것 같다. 나의 행복은 나에게 1순위가 아니었다.

책을 쓰면서 내게 많은 변화가 일어났다. 주변 환경과 나의 경제적 상황은 오히려 더 악화가 됐으면 악화가 됐지 나아지지는 않았다. 그럼에도 불구하고 변화는 나의 내면에서 일어났다. 내면의 변화가 내면의 질량을 채울 수 있도록 도움이 되었다. 내 인생에서 나는 항상 조연으로 살았는데 드디어 내 인생의 주연 자리를 내가 제대로 차지하게 된 것이다. 책을 쓰는 시간만큼은 나의 놀이이자 행복 그 자체였다.

책 쓰기를 목표로 하여 도전했다면 그 과정은 인내의 시간으로 채웠을 것이다. 하지만 나는 과정에서 즐기고 행복을 느끼기 위해 노력했다. 글감을 찾고 나의 아이들을 관찰하며 워킹맘의 삶에 감사함으로 다가갔다. 그것들을 글로 풀어 낼 때 매우 행복했다. 작은 것에 감사하게 되니 내가 키보드를 두드릴 수 있는 것만으로도 충분히 행복했다.

객관적인 행복의 잣대가 없어도 행복에도 수준의 높고 낮음이 있다. 이왕이면 다홍치마라고 높은 행복 수준은 어떻게 가능하게 될까? 행복 수준은 만족 수준을 높임으로 상승하게 된다. 내가 좋아하는 일을 찾아서 몰두한다면 만족감을 느낄 수 있는 확률이 높다. 내가 좋아하는 일이 나와 남을 도울수 있는 일이라면 더없이 행복한 일이 될 것이다. 남을 돕는 것만큼 희열이 강한 일도 없기 때문이다.

'성공하면 행복해진다.'라는 생각을 이렇게 바꾸어보자.

'행복하면 성공한다.'

이런 생각 습관은 당신을 수준 높은 행복으로 안내할 것이다. 하루하루 삶에서 작은 것에 감사하고 행복을 찾다 보면 성공은 이미 내 주변에 와 있음을 알게 된다. 행복은 최종 목적이 아니라 과정이라는 것을 깨닫게 되는 것이다.

자녀를 양육할 때도, 아이의 장점을 찾아내 칭찬하다 보면 아이 자체가 행복 덩어리라는 것을 알게 된다. 남의 자식을 바라보듯이 나의 아이를 제3자의 눈으로 관찰해보자. 그렇게 어렵지 않게 많은 장점을 발견하게 될 것이다. 행복한 아이를 만드는 열쇠는 강점 칭찬으로 이를 강화하면 된다. 부모라면 아이의 강점을 이보다 더 큰 어떤 것에 이바지하도록 인도해야 한다. 아이의 강점을 활용하면 아이의 삶은 의미 있는 삶이 되고 아이를 행복에 이르게 하기 때문이다.

내가 하고 싶은 일, 남에게 기쁨을 줄 수 있는 일, 모든 사람을 즐거워하게 만드는 일을 하자. 지금부터라도 내 인생의 주연을 나로 캐스팅하자. 무엇을 하든지 행복을 1순위에 놓자.